基礎材料科学

工学博士　伊藤　公久
博士（工学）　平田　秋彦　【共著】
博士（工学）　山本　知之

コロナ社

ま え が き

現在の科学文明は，さまざまな材料の開発と生産によって支えられている。理論的には飛躍的な性能が期待される工業製品も，実際には条件に見合う材料が存在しないために，実現できない場合が非常に多いのが現実である。材料科学は，実在する物質と向き合い，われわれの夢を実現するために不可欠な道具であり，必然的にさまざまな知識を要する総合学問でもある。しかし，材料科学の基礎とはなにかという問いかけは，初学者が材料科学という分野に既存科学の寄せ集めのような印象を抱いたときに発せられることが多い。この問いかけに答えるためには，まず材料科学がどのような学問であるかというアイデンティティーを明確にする必要があるだろう。

そこで本書では，材料科学を「マルチスケールにわたる物質の階層性を理解し，その特性を人々の生活に役立つもの（材料）に反映する学問」と定義することにした。

例えば，巨大なつり橋を構成している鉄鋼は，連続で均一なもののように見えるが，これを光学顕微鏡で見ると，多くの結晶から成り立っていることが観察できる。さらに電子顕微鏡を用いれば，一つの結晶では原子が規則正しく並んでいることも観察できる。現代科学は，すべての物質は原子からできているという認識を前提とした，原子論に立脚している。読者がこの観点に立ったとき，材料科学の基礎とは，1 個の原子→原子の集合体である結晶→結晶の集合体としての材料，といったさまざまなスケール（マルチスケール）にわたって材料を理解するための知識体系であることが理解できるであろう。

本書では，原子サイズから宇宙のスケールまでの広い範囲にわたる物質の性質を理解するために，第 1 章：物質の構造（担当：平田），第 2 章：材料熱力学，第 3 章：状態図と相転移，第 4 章：拡散現象（担当：伊藤），第 5 章：材料電子論（担当：山本）の全5章構成とした。章の番号は，その章の内容を理解するために必要な知識を通常の工学系のカリキュラムで履修する順に付けてあり，対象とするもののスケールの順ではないことにご注意いただきたい。

各章の最後には章末問題を設け，その略解を巻末に，詳解をコロナ社のWebページに掲載した†。本書の内容の理解と，実際の材料への応用方法の習得に活用していただきたい。

本書の執筆にあたっては，多くの方々のお世話になった。執筆者の一人である平田が学生時代からご指導を賜り，物理的なものの見方をご教示いただいた小山泰正先生（早稲田大学教授）に深く感謝申し上げる。また、弘津禎彦先生（大阪大学名誉教授）には非晶質構造や電子顕微鏡の基礎を平田にご教示いただいた。心より感謝の意を表する。

最後に，本書の執筆者全員に材料科学への数理物理的アプローチと問題意識の持ち方をご教示くださり，つねにわれわれを叱咤激励してくださった，故 北田韶彦先生（早稲田大学名誉教授）に心より御礼申し上げる。

2020年8月

執筆者代表　伊藤 公久

---

† 本書の書籍詳細ページ（https://www.coronasha.co.jp/np/isbn/9784339066524/）を参照（コロナ社Webページから書名検索でもアクセス可能）

目　　　　次

1. 物 質 の 構 造

2. 材 料 熱 力 学

3.　状態図と相転移

4. 拡散現象

5. 材料電子論

1 物 質 の 構 造

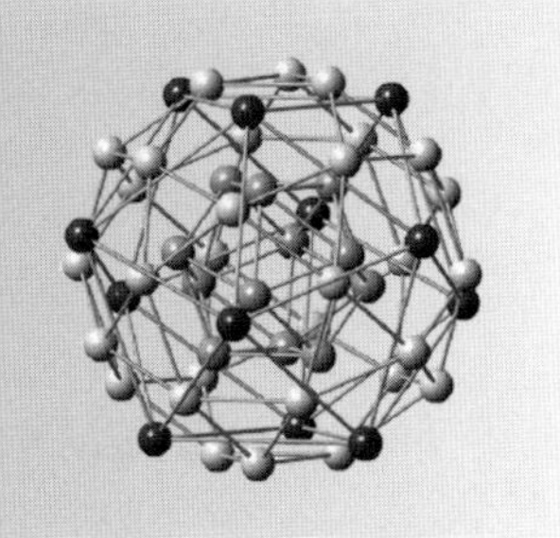

材料の諸性質を理解するうえで，材料内部での構成原子の配列を知ることは重要である。多くの材料は原子が周期配列した結晶であり，結晶学による分類が可能であるが，一方で，周期性を持たない非晶質や結晶とは異なる秩序を持つ準結晶のような比較的新しい材料も存在する。本章では，これらの構造に関する記述法や測定法に関して概説する。

1.1 結 晶 構 造

1.1.1 結晶の周期的構造

多くの材料の構造は，原子が周期的に配列した**結晶**（crystal）であることが知られている。ここで周期的という言葉は，ある結晶全体にわたり，構成するすべての原子の配列に対して繰り返し構造が保たれている状況を示している。結晶以外には非晶質や準結晶など，この意味での周期性を持たない物質があるが，これらについては 1.4 節で紹介する。結晶材料であっても，内部には多くの格子欠陥と呼ばれる不完全性が含まれるが（1.3 節），ここではそのようなものを含まない理想的な単結晶についてその対称性を論ずる。

結晶は周期構造であるため，ある**基本構造**（basis）が周期的に繰り返し配置された構造と捉えることができる。ここで空間格子という概念を導入すると，基本構造が持つ周期性を代表させることが可能である。言い換えれば，空間格子に対してつねに等価な位置に基本構造を置くことにより，**結晶構造**（crystal struture）が自動的に作られる。この様子を**図 1.1** に示す。結晶の原子配列の対称性を詳しく調べる前に，結晶の枠組みである空間格子の対称性について調

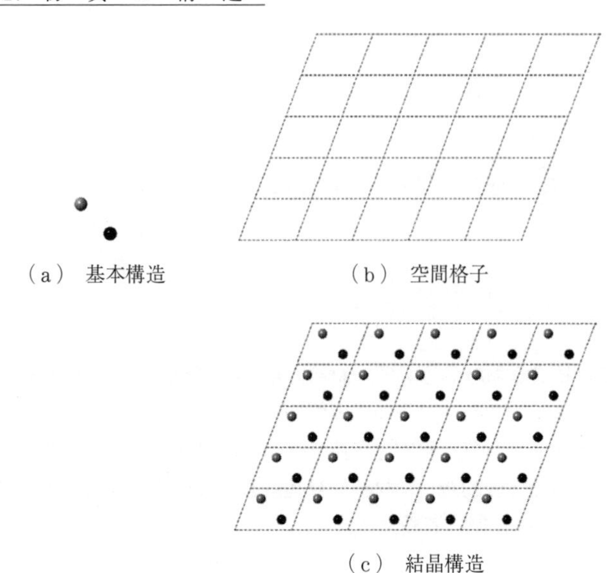

図1.1　結晶構造の捉え方

べることは有用である。

空間格子は3次元の周期性を持ち，これを記述するには三つの基本周期ベクトル $\boldsymbol{a}$，$\boldsymbol{b}$，$\boldsymbol{c}$ を指定すればよい。ここで，n_1，n_2，n_3 を整数として，これら三つの基本周期ベクトルを組み合わせてできるベクトルは

$$\boldsymbol{t}_n = n_1\boldsymbol{a} + n_2\boldsymbol{b} + n_3\boldsymbol{c} \tag{1.1}$$

と表すことができ，基本並進ベクトルと呼ばれる。実際の結晶では n_1，n_2，

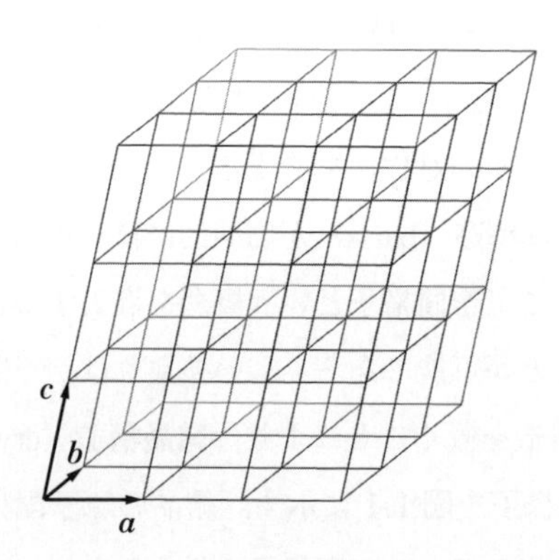

図1.2　基本並進ベクトルにより作られる空間格子

n_3 の値は 10^8 程度と非常に大きいことに注意したい。**図 1.2** に示すようにこの基本並進ベクトルは 3 次元の空間格子を形成する。

このような基本並進ベクトルで記述される平行移動によって，結晶が不変に保たれる対称性を**並進対称性**（translational symmetry）と呼ぶ。最低限この並進対称性があれば結晶であるといえるため，結晶を特徴づける最も重要な対称性ということができる。

1.1.2 結　晶　点　群

これまで結晶自身を平行移動によって不変に保つ**対称操作**（symmetry operation）である並進操作について述べた。ここでは例えば，**回転対称性**（rotational symmetry）に関係した，ある軸に関して結晶を回転させ，それによって結晶を不変に保つような対称操作について考える。

結晶に限らず分子などがある一点のまわりで不変に保たれるような対称操作の集まりのことを**点群**（point group）と呼ぶ。点群の対称操作には，恒等操作（E），回転操作（C_n），反転操作（I），鏡映操作（σ），回反操作（IC_n）などが含まれる。まず，恒等操作（E）とはなにもしない操作のことである。回転操作（C_n）とはある回転軸に関する角度 $2\pi/n$ の回転であり，その回転軸を n 回軸という。また，反転操作（I）は原点 O（対称中心）に関して座標 x, y, z を $-x$, $-y$, $-z$ に変換する操作であり，鏡映操作（σ）はある点を平面（鏡映面）に関して対称な位置に移す操作である。そして，回反操作（IC_n）は角度 $2\pi/n$ の回転後に反転操作を行うものである。ここで，括弧内に用いられた記号はシェーンフリース記号と呼ばれるものである。また，点群の対称操作を行ううえで基準となる点（対称中心），軸（回転軸），面（鏡映面）などは**対称要素**（symmetry element）と呼ばれる。**図 1.3** は面心立方構造（1.1.5 項を参照）における 3 回回転操作であり，図（a）での矢印の方向に 3 回軸がある。図（b）は 3 回軸方向から見た図であるが，白，灰色，黒の原子はそれぞれ 3 回軸に垂直な同一平面内にあるもので，結晶全体が 120°（$=2\pi/3$），240°（$=4\pi/3$）の回転操作で不変に保たれることが理解できる。**図 1.4** は反転操作の

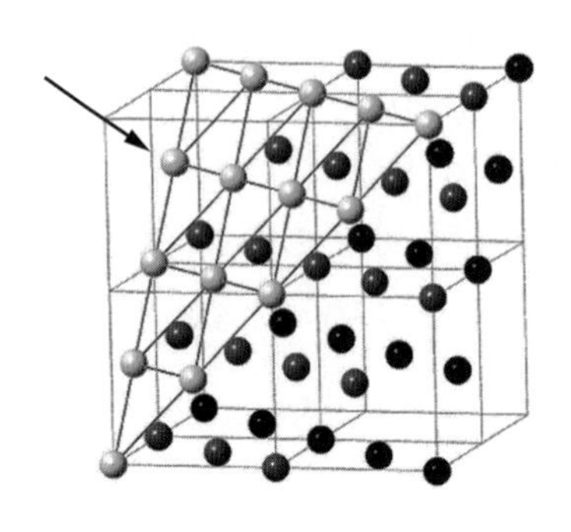

（a）　面心立方構造における３回軸

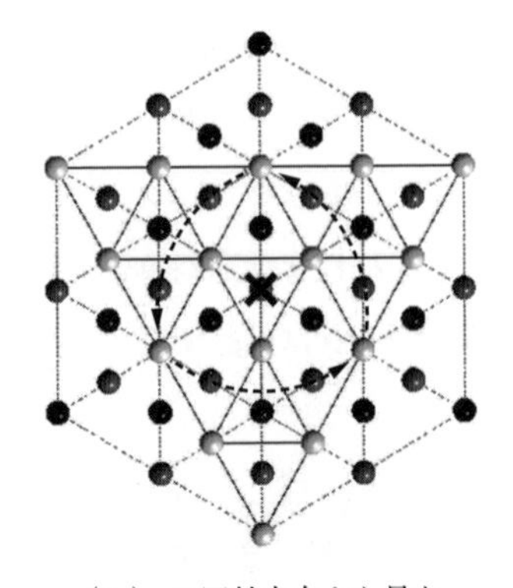

（b）　３回軸方向から見た３回回転操作

図1.3　回転操作（C_3）の例

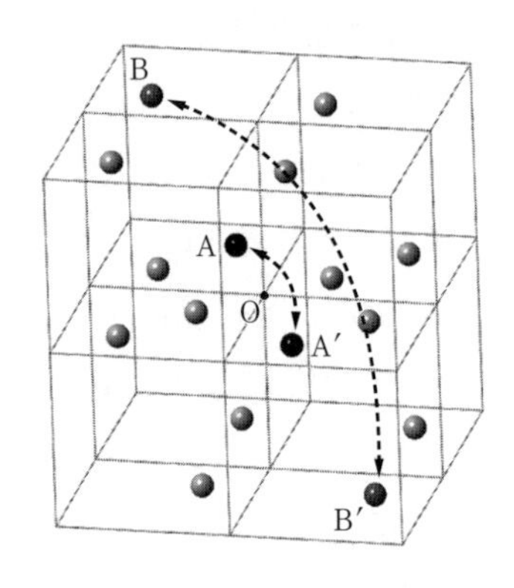

図1.4　反転操作（I）の例

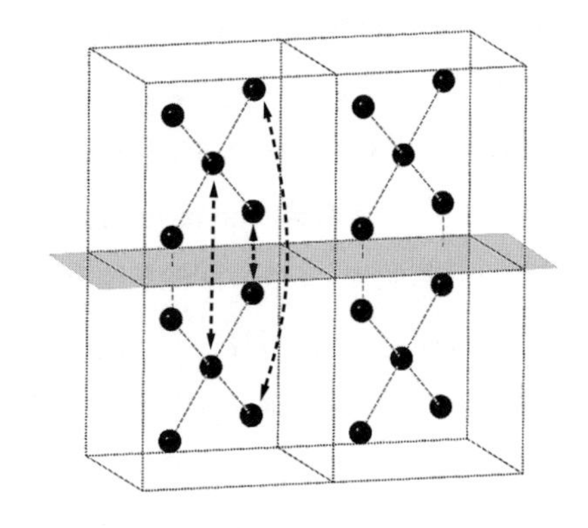

図1.5　鏡映操作（σ）の例

例であり，A および B で示される原子は対称中心である原点 O に対し，反転操作によって A′ および B′ に移される。これ以外の原子も同様であり，この結晶全体が反転操作によって不変に保たれている。また，**図1.5** に示すのは鏡映操作の例である。中央の灰色で示す鏡映面に対し上下の原子配列は鏡の関係になっており，この鏡映操作でやはり結晶全体が不変に保たれる。

孤立した分子の場合，結晶とは異なり周期構造を作る必要がないため，回転操作 C_n の n に関して制限はない。しかし，結晶の場合，並進対称性を両立させる必要があるため，n=1，2，3，4，6 に限定される。つまり，分子では許される5回回転操作が結晶を不変に保つことは不可能であり，並進対称性を保ちながら5回軸を同時に持つことはできない。例えば，**図1.6**（a）に示すように，5回軸を保つよう五角形で格子を作ろうとしても，ただちに隙間ができてしまう。また，図（b）のように，5回軸を持つ分子を格子状に配置して結晶を作ることはできるが，空間格子は5回対称を持つことができないため，当然，結晶全体は5回回転操作によって不変に保たれない。7回軸以上についても同様である。

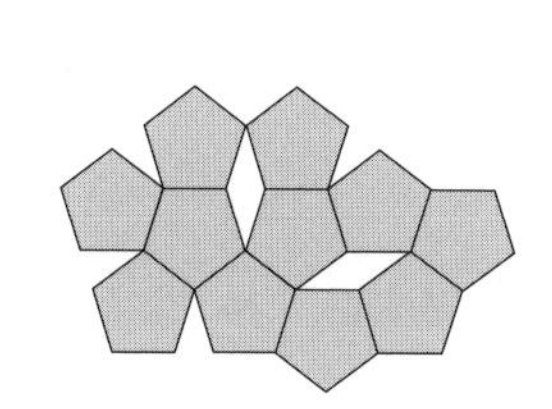

（a） 正五角形は平面に隙間なく敷き詰めることはできない例

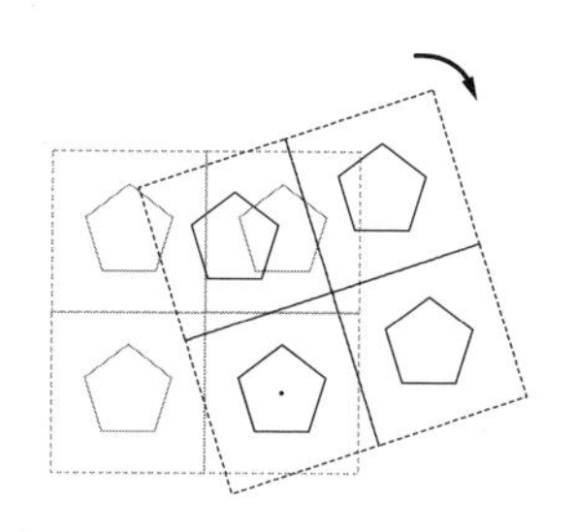

（b） ユニットセルに正五角形を配置した結晶は5回対称を持たない例

図1.6 5回回転操作が結晶を不変に保てない理由

結晶では上述した五つの回転操作 C_1，C_2，C_3，C_4，C_6 とそれらに続けて反転操作を行う回反操作 IC_1，IC_2，IC_3，IC_4，IC_6 が許される。ここで，C_1 は恒等操作，IC_1 は単なる反転操作である。また，IC_2 は鏡映操作 σ に等しい。結晶で許される点群の独立な対称操作はけっきょく，C_1，C_2，C_3，C_4，C_6，IC_1，σ，IC_3，IC_4，IC_6 の10個となり，国際記号を使うとこれらは1，2，3，4，6，$\bar{1}$，m，$\bar{3}$，$\bar{4}$，$\bar{6}$ と簡潔に表すことができる。結晶で許されるこれら10個の対称操作を組み合わせることにより合計32の点群が得られ，これを特に**結晶点群**（crystallographic point group）と呼ぶ。独立な分子ではこのような制限はないが，結晶では並進対称性を両立する必要があるため点群が32種類に限られる。

1.1.3　ブラベー格子と晶系

並進対称性のある結晶を記述する際に空間格子を考えると便利であることはすでに述べた。ここでは可能な空間格子を両立すべき点群の対称性を考慮することにより分類する。

1.1.1項で述べたように基本周期ベクトル $\boldsymbol{a}$, $\boldsymbol{b}$, $\boldsymbol{c}$ を指定することで空間格子が生成されるが，基本周期ベクトル $\boldsymbol{a}$, $\boldsymbol{b}$, $\boldsymbol{c}$ の長さを a, b, c, $\boldsymbol{b}$ と $\boldsymbol{c}$, $\boldsymbol{c}$ と $\boldsymbol{a}$, $\boldsymbol{a}$ と $\boldsymbol{b}$ のなす角を α, β, γ とする。軸比と軸角を示すこれら六つの値は格子定数と呼ばれ，単位格子を特徴づける（**図 1.7**）。

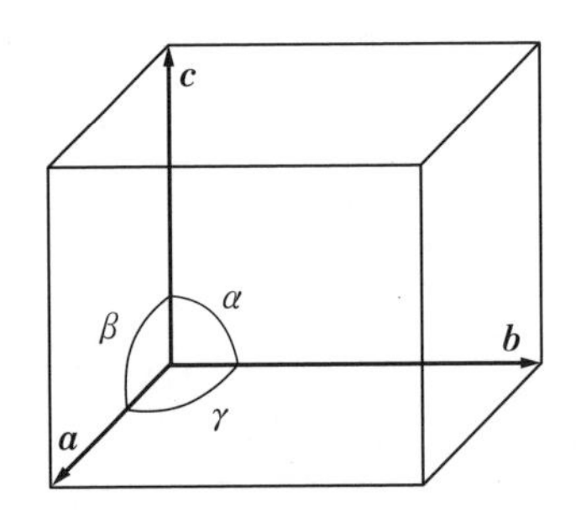

図 1.7　単位格子と格子定数

単位格子の軸比と軸角の特徴により，三斜，単斜，斜方，三方，六方，正方，立方格子の 7 種類の単純格子（P）が得られる。ただし，三方晶は六方格子でとる場合と，菱面体格子（記号は R となる）でとる場合がある。単純格子とは単位格子の隅のみに格子点を持つものであり，これを基本単位格子という。実はこれだけではなく，単純格子に新たな格子点を加えることで新たな格子である底心格子（C），面心格子（F），体心格子（I）を作ることができる。これらを非基本単位格子という。ここで，格子点を新たに加えても各格子点は同じ環境でなければならないことに注意したい。このように 7 種類の単純格子とそれに新たな格子点を加えたものから，重複を除くことによって空間格子になれるものは 14 種類あることがブラベー（Bravais）によって示された（**図 1.8**）。これを**ブラベー格子**（Bravais lattice）と呼ぶ。

表 1.1 にブラベー格子の種類と点群の対応関係を示す。点群を調べれば上述した 7 種類の格子のどれに属するかは一意に決まり，これは新たな格子点が加わったかどうかには依存しない。例えば，立方格子に対しては単純格子（P）に加え，体心格子（I），面心格子（F）をとることができるが，これらと両立できる点群は共通となる。このことから，14 種類のブラベー格子は両立し

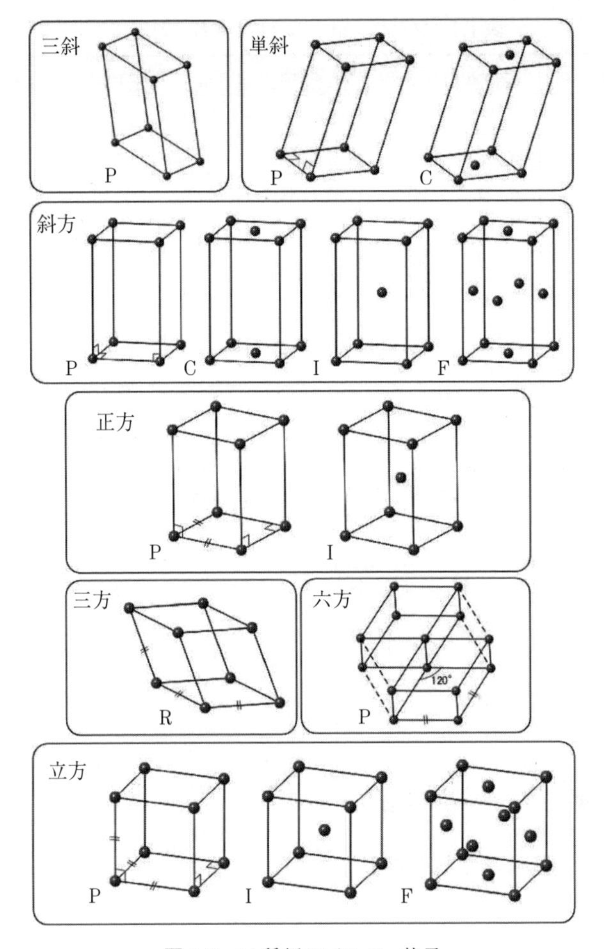

図 1.8　14 種類のブラベー格子

うる点群によって，7 種類の格子に対応する七つの**晶系**（crystal system）に分類されることになる。

ここで，立方格子の面心位置に格子点を加えた場合（**図 1.9**）について考えてみる。この場合，基本周期ベクトルは立方体の軸に沿ったものではなく，図に示すように三つの面心位置へ向かうものであり，最小の構造単位はこれらのベクトルが作る菱面体であることがわかる。しかし，両立する点群の要請からブラベー格子は立方格子（面心立方格子）となり，体積は最小単位である菱面

表 1.1　ブラベー格子の種類と点群の対応関係

晶　系	格子定数の条件	空間格子	結晶点群
三斜晶		P	1, $\bar{1}$
単斜晶	$\alpha=\gamma=90°$	P C	m, 2, $2/m$
斜方晶	$\alpha=\beta=\gamma=90°$	P C I F	$mm2$, 222, mmm
正方晶	$a=b$ $\alpha=\beta=\gamma=90°$	P I	$\bar{4}$, 4, $4/m$ $\bar{4}2m$, $4mm$, 422, $4/mmm$
三方晶	$a=b=c$ $\alpha=\beta=\gamma$	R	3, $\bar{3}$ $3m$, 32, $\bar{3}m$
六方晶	$a=b$ $\alpha=\beta=90°$ $\gamma=120°$	P	$\bar{6}$, 6, $6/m$ $\bar{6}m2$, $6mm$, 622, $6/mmm$
立方晶	$a=b=c$ $\alpha=\beta=\gamma=90°$	P I F	23, $m3$ $\bar{4}3m$, 432, $m3m$

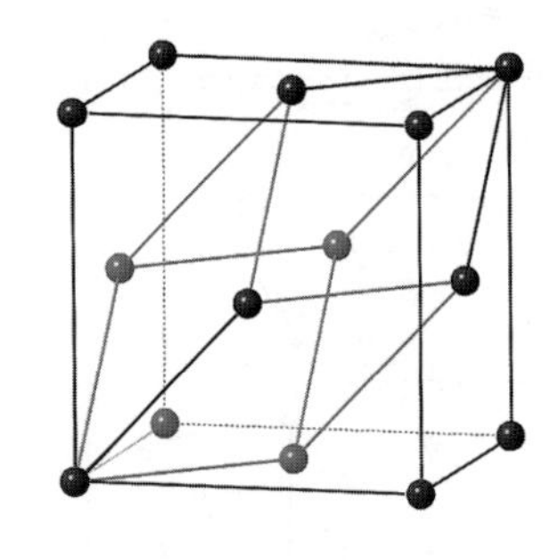

図 1.9　面心立方構造の菱面体による取り方

体の 4 倍となることに注意したい。

1.1.4　空　　間　　群

最後に上述した結晶を不変に保つ対称操作をすべて含んだ**空間群**（space group）について述べる。これまではそのような対称操作として並進操作や点群操作を個別に議論してきた。並進対称性を持つブラベー格子は 14 種類となり，32 種類の点群との対応関係によってそれらが 7 晶系に分類できることが明らかとなった。これより，結晶の対称性はブラベー格子と点群の組合せで記述できそうに思われる。実際に 230 の空間群のうち 73 種類はこの単純な組合せで記述でき，これを**シンモルフィック空間群**（symmorphic space group）と呼ぶ。

しかし，**ノンシンモルフィック空間群**（non-symmorphic space group）と呼ばれる残りの157の空間群には新たな対称操作が生じ，それは中途半端な並進操作と回転操作を組み合わせたらせん（screw）操作，および中途半端な並進操作と鏡映操作を組み合わせた映進（glide）操作である。中途半端な並進操作とは，基本格子ベクトルの1/2や1/3の並進操作という意味である。映進操作の例を**図1.10**に示す。この映進操作の場合，a軸に沿って1/2並進操作し，鎖線に対して鏡映操作で移される。結晶全体がこの操作によって不変に保たれるわけだが，線で結んだ六角形の原子配置に注目するとわかりやすい。この配置はa軸に沿って1/2並進すると斜線原子で示した位置に移動し，これは鎖線に対して鏡映の関係になっていることが一目でわかる。このような新た

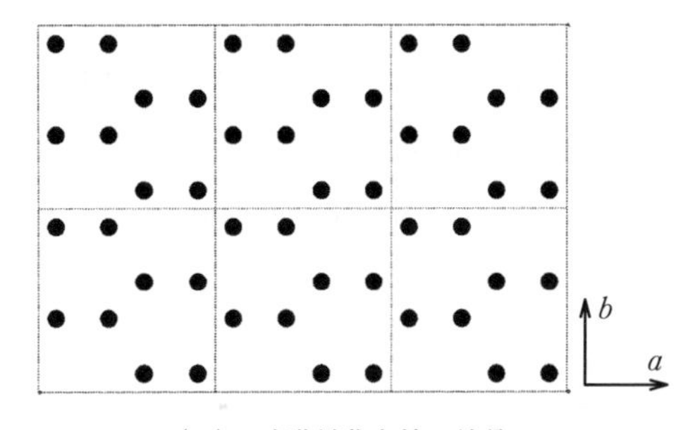

（a） 映進対称を持つ結晶

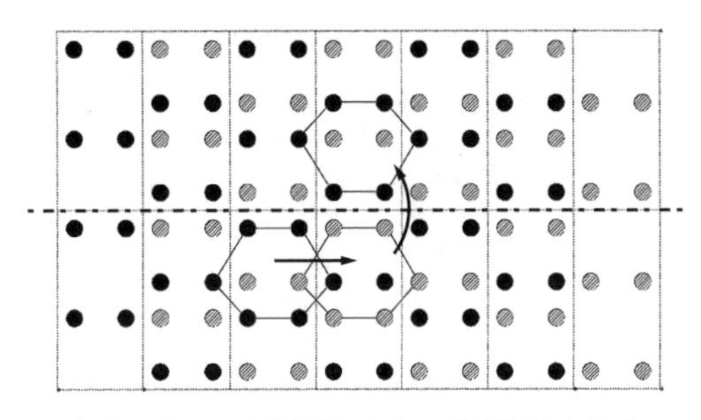

（b） 実際の映進操作（1/2の並進操作と鏡映操作の組合せ）

図1.10 映進操作の例

に生じた複合的な対称操作によっても，この種の結晶は不変に保たれる。

空間群の表記はブラベー格子と点群を組み合わせて，例えば，$F432$ のようになる。この場合，ブラベー格子がFであり，対称要素である4回軸，3回軸，2回軸がそれぞれ [001]，[111]，[110] 方向に沿って存在することが示される。また，$P4/m$ の場合，ブラベー格子はPで，[001] 方向に沿って4回軸があり，それに垂直に鏡映面 m が存在することを示している。ここでは立方晶と正方晶の例について述べたが，それぞれの対称要素がどの方向と関係しているかは晶系によって異なるので注意したい[8),9)†]。

1.1.5　代表的な結晶構造

これまで結晶の対称性による分類について議論してきた。ここでは実際の金属材料によく見られる結晶構造の特徴について示す。

金属材料では最密充填構造かそれに準ずる構造がよく見られる。代表的なものとして，**面心立方構造**（**fcc 構造**，face centered cubic structure），**六方最密充填構造**（**hcp 構造**，hexagonal close packed structure），**体心立方構造**（**bcc 構造**，body centered cubic structure）が挙げられる（**図 1.11**）。このうち fcc 構造および hcp 構造は最密充填構造（充填率：0.740 5）で，すべての原子の最近接原子数（配位数）は 12 である。bcc 構造の充填率は最密充填構造より

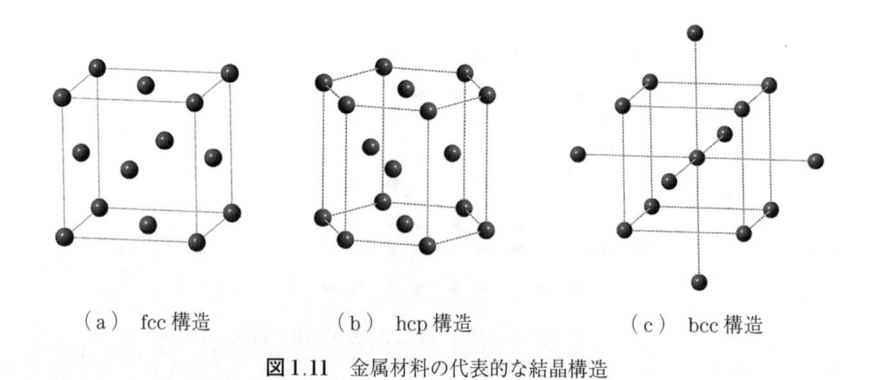

（a） fcc 構造　　（b） hcp 構造　　（c） bcc 構造

図 1.11　金属材料の代表的な結晶構造

† 肩付き番号は各章末および付録末の文献番号を示す。

少し低く（充塡率：0.680），配位数は8である。しかし，第2近接である六つの原子までの距離は最近接のものと大きく違わない（約1.13倍）。

対称性の観点から見れば，fcc構造は立方晶，hcp構造は六方晶であるためまったく異なるように見える。しかし，最密面（fcc構造の{111}面およびhcp構造の(0001)面）の積層構造という観点で見れば，単なる積層様式の違いとして捉えることができる。最密面上で積層可能な位置は3通りで，それらの位置をA，B，Cとすればfcc構造はABCABC…，hcp構造はABABAB…と表せる。**図1.12**にはfcc構造の場合の積層を示している。この見方をすることで，積層の仕方が局所的に乱れた積層欠陥やマルテンサイト変態でよく見られる長周期積層構造の見通しがよくなる。

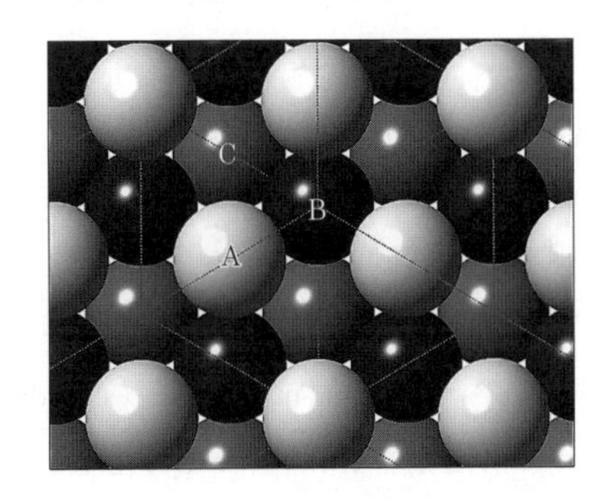

図1.12　fcc構造における最密面の積層

実用材料では合金のように複数の元素が混合されている場合がほとんどである。上述のfcc, hcp, bcc構造などに異種原子を混合した場合，合金系によって異なるが，一般的にある濃度までは固溶する。これを固溶体と呼ぶが，この場合，各元素は基本的にランダムに混合されており，厳密にいえば並進対称性を持っていない。一方で，異種原子が特定の原子サイトに入ることで**規則構造**（ordered structure）を形成することもある。例えば，CuAu合金やFePt合金ではfcc構造の規則構造である$L1_0$あるいは$L1_2$構造が形成され，CuZn合金やFeAl合金ではbcc構造の規則構造であるB2構造が形成される（**図1.13**）。$L1_0$構造は正確には正方格子であるが，近似的にfcc構造の規則構造とみなすことができる。このような合金の規則－不規則変態は至る所で見ることができ

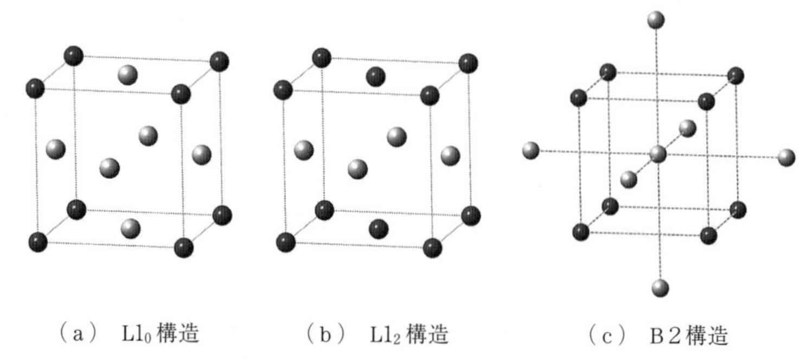

（a） $L1_0$ 構造　（b） $L1_2$ 構造　（c） B2構造

図 1.13　金属材料の代表的な規則構造

る。なお，$L1_0$ や B2 などの記号はドイツの Structurebericht（SB）の記号であり，金属材料の分野ではよく使われるものである。これ以外には単位胞中の原子数が一目でわかるピアソン（Pearson）の記号などがある。

上記の比較的単純な fcc，bcc，hcp 構造とそれらの規則構造のほかに，比較的複雑な構造も合金で多く見られる。例えば，Frank-Kasper 相と呼ばれる一連の金属間化合物が存在する。典型的な Frank-Kapser 相として β-W 相（A15），Laves 相（C14，C15，C36），σ 相（$D8_b$）などが知られており，これらの構成元素の配位環境は配位数 12 ～ 16 の**配位多面体**（coordination polyhedron）である。**図 1.14** に σ 相の構造と各原子サイトを中心とした配位多面体を示す。このような配位多面体の組合せで構成される金属間化合物は多

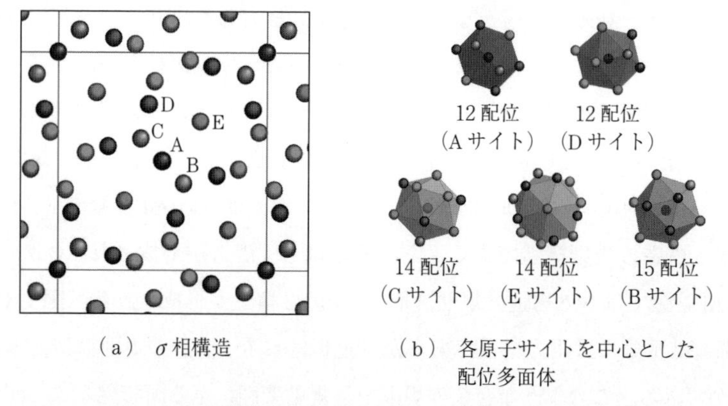

（a） σ 相構造　（b） 各原子サイトを中心とした配位多面体

図 1.14　σ 相構造と各原子サイトを中心とした配位多面体

数存在し，単位胞中の原子数が1 000 個以上にもなる巨大単位胞構造（Samson 相）も報告されている。また，Bergman 型準結晶の近似結晶として知られる $Mg_{32}(Al, Zn)_{49}$ 相も Frank-Kasper 相である。準結晶については1.4.4 項で詳しく述べる。

1.2 回 折 結 晶 学

1.2.1 結晶構造の観測

前節では結晶構造の対称性や特徴について議論した。当然のことであるが，結晶構造を議論するためには観測実験を行い，解析によりまず構造を決める必要がある。本節ではわれわれがいかに結晶構造を観測するかについて簡潔に述べる。

まず，可視光の波長は結晶内の原子配列の間隔（10^{-10} m 程度のスケール）と比べて非常に大きいため，直接観測することはできない。そこで，原子スケールあるいはそれ以下の波長を持つ電磁波であるX線，粒子線である電子線または中性子線をおもに用いて観測を行う。なかでも実験室で使われる線源としてはX線が最もポピュラーなものである。

つぎに準備した原子スケールの短い波長の波を結晶構造に入射し，結晶構造によって干渉された波を出射波として検出する。これはちょうどヤングの光の干渉実験で複スリットにより干渉された光の干渉縞を観測していることに対応する。つまり，観測できるのは結晶の原子配列そのものではなく，原子配列で干渉された波の干渉縞である。そこで，干渉縞の空間である逆空間という概念を導入し，結晶構造が存在する実空間との対応関係を考えるのが便利である。ここで取り扱う3次元の結晶構造の場合を考えると，逆空間においては3次元的に逆格子点が配列した逆格子を形成する。つまり逆格子はX線が干渉（回折）して強め合う点の集合であるといえる。けっきょく，基本的にわれわれが観測できるのは逆格子であり，そこから実格子，さらには結晶構造を推察する必要が生じる。

1.2.2　実格子と逆格子

逆格子点は，実格子において周期的に配列された無数の格子面に対応するため，まず結晶の格子面の記述法について述べる。格子面は**ミラー指数**（Miller index）と呼ばれる指数 h，k，l で表すことができる。格子の基本周期ベクトルを $\boldsymbol{a}$，$\boldsymbol{b}$，$\boldsymbol{c}$ とし，それぞれ x，y，z 軸と平行であるとすると，格子面 (hkl) は

$$h\frac{x}{a}+k\frac{y}{b}+l\frac{z}{c}=1 \tag{1.2}$$

の方程式を満たす平面として定義される。ここで，a，b，c は基本周期ベクトル $\boldsymbol{a}$，$\boldsymbol{b}$，$\boldsymbol{c}$ の長さであり，1.1.3 項で述べたように格子定数と呼ばれる。例えば，格子面 (111) の場合，式 (1.2) より，x 軸を a，y 軸を b，z 軸を c でそれぞれ切る平面であることがわかる（**図 1.15**）。また，格子面 (hkl) は等間隔に並んでおり，その**格子面間隔**（interplanar spacing）d_{hkl} は，例えば斜方晶では

$$\frac{1}{{d_{hkl}}^2}=\frac{h^2}{a^2}+\frac{k^2}{b^2}+\frac{l^2}{c^2} \tag{1.3}$$

と書き表される。正方晶では $a=b$，立方晶では $a=b=c$ とすればこの式を適用できる。より対称性が低い晶系では複雑な式となるが，いずれもミラー指数と格子定数より対応する格子面間隔 d_{hkl} を求めることが可能である。

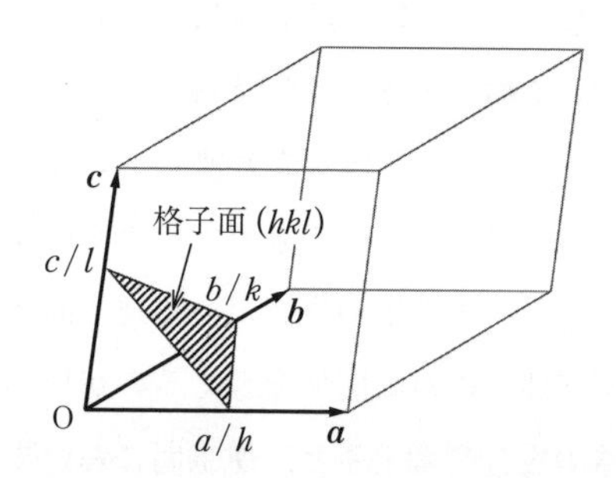

図 1.15　ミラー指数

面や方位の記述法について以下にまとめる。上述したように面は (111) のように表し，等価な面はまとめて {100}（=(100)，(010)，(001)，$(\bar{1}00)$，$(0\bar{1}0)$，$(00\bar{1})$：立方晶の場合）のように表す。ただし，回折反射の指数には括弧を付けない。また，方位は [100] のように表し，等価な方向はまとめて

⟨111⟩のように表す。方位に関しては，式 (1.1) で表される格子点が $[n_1 n_2 n_3]$ の方向にあると定義する。

つぎに**逆格子**（reciprocal lattice）の定義を示す。逆格子の格子点（逆格子点）は結晶の回折条件を満たす逆空間内の点に相当するのだが，その理由については後述する（1.2.3 項を参照）。実空間における基本周期ベクトルを $\boldsymbol{a}$，$\boldsymbol{b}$，$\boldsymbol{c}$ とし，逆格子軸ベクトル $\boldsymbol{a}^*$，$\boldsymbol{b}^*$，$\boldsymbol{c}^*$ は

$$\boldsymbol{a}^* = \frac{\boldsymbol{b}\times\boldsymbol{c}}{\boldsymbol{a}\cdot(\boldsymbol{b}\times\boldsymbol{c})}, \qquad \boldsymbol{b}^* = \frac{\boldsymbol{c}\times\boldsymbol{a}}{\boldsymbol{b}\cdot(\boldsymbol{c}\times\boldsymbol{a})}, \qquad \boldsymbol{c}^* = \frac{\boldsymbol{a}\times\boldsymbol{b}}{\boldsymbol{c}\cdot(\boldsymbol{a}\times\boldsymbol{b})} \tag{1.4}$$

のように定義される。分母はいずれも単位格子の体積である。また，外積の定義から，逆格子軸ベクトル $\boldsymbol{a}^*$ は実格子の基本周期ベクトル $\boldsymbol{b}$，$\boldsymbol{c}$ が張る平面に垂直であることがわかる。$\boldsymbol{b}^*$，$\boldsymbol{c}^*$ についても同様である。この定義式は，基本周期ベクトルと逆格子軸ベクトルのシンプルな関係（式 (1.5) ）を満たすように作られている。

$$\begin{aligned}
&\boldsymbol{a}^*\cdot\boldsymbol{a}=1, \qquad \boldsymbol{b}^*\cdot\boldsymbol{a}=0, \qquad \boldsymbol{c}^*\cdot\boldsymbol{a}=0\\
&\boldsymbol{a}^*\cdot\boldsymbol{b}=0, \qquad \boldsymbol{b}^*\cdot\boldsymbol{b}=1, \qquad \boldsymbol{c}^*\cdot\boldsymbol{b}=0\\
&\boldsymbol{a}^*\cdot\boldsymbol{c}=0, \qquad \boldsymbol{b}^*\cdot\boldsymbol{c}=0, \qquad \boldsymbol{c}^*\cdot\boldsymbol{c}=1
\end{aligned} \tag{1.5}$$

つぎに各逆格子点を示す逆格子ベクトルは，逆格子軸ベクトルとミラー指数を用いて式 (1.6) のように表せる。

$$\boldsymbol{K}_{hkl} = h\boldsymbol{a}^* + k\boldsymbol{b}^* + l\boldsymbol{c}^* \tag{1.6}$$

大事な点は，この逆格子ベクトル $\boldsymbol{K}_{hkl}$ が格子面 (hkl) に垂直になることである。また，逆格子ベクトル $\boldsymbol{K}_{hkl}$ の大きさは

$$|\boldsymbol{K}_{hkl}| = \frac{1}{d_{hkl}} \tag{1.7}$$

となる。逆格子ベクトルの大きさは格子面間隔 d_{hkl} の逆数となっており，格子面間隔が狭くなれば逆格子ベクトルの大きさは逆に大きくなる性質を持っている。上記のことから，逆空間において逆格子ベクトルの方向が定まれば，対応する実空間ではそのベクトルに垂直な無数の格子面が d_{hkl} の間隔で周期的に並んでいることになる。つまり，実空間で延々と並ぶ格子面を，それに垂直なベ

クトルの先端で代表しているのが逆空間内の逆格子点であるといえる。実格子と逆格子の対応関係の一例を**図 1.16** に示す。

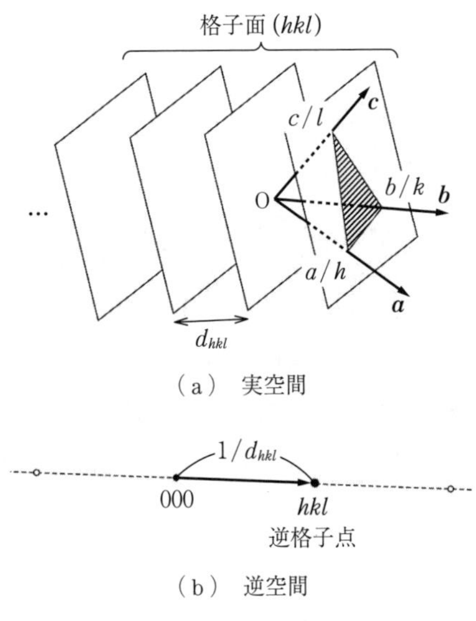

図 1.16　実空間と逆空間の対応

1.2.3　空間格子からの回折

空間格子とは結晶構造の並進対称性を表す枠組みであった。したがって原子は配置されていない状況を考えている。しかし，空間格子を考えるだけで，逆空間のどの位置に回折反射が出るかを理解することが可能である。結論を先にいえば，1.2.2 項で説明した逆格子点に回折反射が現れることになる。ただし，具体的な回折強度は 1.2.4 項で説明するように実際に原子を考慮したうえで決定される。

空間格子からの**回折**（diffraction）を論ずる前に，まず単純な場合として二つの散乱体からの回折を考える。**図 1.17** には二つの散乱体に X 線のような波が入射し，回折されたのち，十分遠方でその強め合い（あるいは打ち消し合い）を観測する様子が図示されている。十分遠方で観測しているため，近似的に散乱体の周辺での行路差のみを考えればよい。ここで，入射波の単位ベクトルを

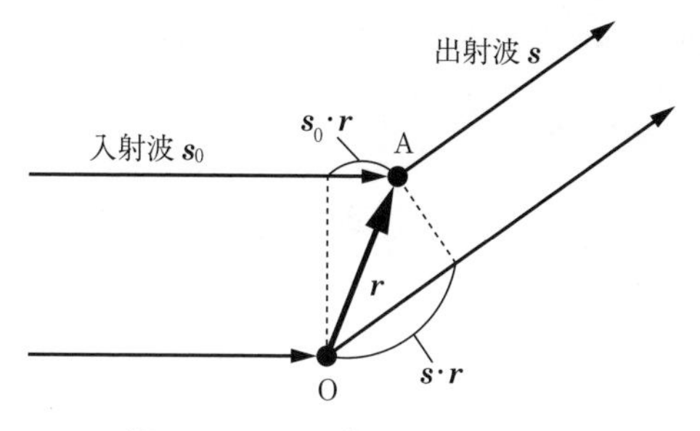

図 1.17 二つの散乱体からの回折

$\boldsymbol{s}_0$，出射波の単位ベクトルを $\boldsymbol{s}$ とし，原点 O と位置ベクトル $\boldsymbol{r}$ で指定される点 A に二つの散乱体が置かれているとする。この状況で 2 点を通る波の行路差は

$$\boldsymbol{s}\cdot\boldsymbol{r}-\boldsymbol{s}_0\cdot\boldsymbol{r}=(\boldsymbol{s}-\boldsymbol{s}_0)\cdot\boldsymbol{r} \tag{1.8}$$

となる。この行路差が波長 λ の整数倍になる場合に波が強め合う条件となり，式 (1.9) のように書ける。

$$(\boldsymbol{s}-\boldsymbol{s}_0)\cdot\boldsymbol{r}=n\lambda \qquad (n \text{ は整数}) \tag{1.9}$$

結晶は周期構造であるから，つぎに 1 次元の空間格子からの回折を考えてみる。散乱体は等間隔（ここでは $|\boldsymbol{r}|$）で並んでいるため，どの散乱体どうしの行路差も $(\boldsymbol{s}-\boldsymbol{s}_0)\cdot\boldsymbol{r}$ の整数倍となり，これもまた，強め合いの条件を満たすことになる。なお，ここでの議論では波の強め合いの条件を考えているだけであるが，結晶の大きさに関係した逆格子点近傍での具体的な強度分布については後述する（1.2.5 項を参照）。

さらに，これらをもとに 3 次元の空間格子からの回折条件を考える。基本周期ベクトルを $\boldsymbol{a}$，$\boldsymbol{b}$，$\boldsymbol{c}$ とすれば，それぞれに対して 1 次元のときと同様な条件を書くことができる。

$$\left.\begin{aligned}(\boldsymbol{s}-\boldsymbol{s}_0)\cdot\boldsymbol{a}&=h\lambda \qquad (h \text{ は整数})\\(\boldsymbol{s}-\boldsymbol{s}_0)\cdot\boldsymbol{b}&=k\lambda \qquad (k \text{ は整数})\\(\boldsymbol{s}-\boldsymbol{s}_0)\cdot\boldsymbol{c}&=l\lambda \qquad (l \text{ は整数})\end{aligned}\right\} \tag{1.10}$$

これはラウエ（Laue）の条件と呼ばれ，これら三つを同時に満たすときに 3 次元格子からの回折が生じることになる。また，$(\boldsymbol{s}-\boldsymbol{s}_0)/\lambda$ を散乱ベクトルと呼ぶ。ここで，逆格子ベクトル $\boldsymbol{K}_{hkl}$（式 (1.6)）が散乱ベクトルと一致する条件

$$\boldsymbol{K}_{hkl} = h\boldsymbol{a}^* + k\boldsymbol{b}^* + l\boldsymbol{c}^* = \frac{(\boldsymbol{s} - \boldsymbol{s}_0)}{\lambda} \tag{1.11}$$

を考えてみる。上述のラウエの条件（式 (1.10)）にこれを代入すると

$$\left.\begin{aligned} (h\boldsymbol{a}^* + k\boldsymbol{b}^* + l\boldsymbol{c}^*)\cdot\boldsymbol{a} = h \\ (h\boldsymbol{a}^* + k\boldsymbol{b}^* + l\boldsymbol{c}^*)\cdot\boldsymbol{b} = k \\ (h\boldsymbol{a}^* + k\boldsymbol{b}^* + l\boldsymbol{c}^*)\cdot\boldsymbol{c} = l \end{aligned}\right\} \tag{1.12}$$

となり，条件を満たすことがわかる。ここで式 (1.5) の関係を用いた。このように，逆格子ベクトルが散乱ベクトルと一致する場合に強い回折が生じることが明らかとなった。つまり，散乱ベクトルが逆格子ベクトルに一致するように実験系を設定すれば強い回折反射を観測できることになる。具体的には，回折実験で試料の向きを変えたり，入射方向や検出器の方向を変えたりすることに対応する。このようにしてできる限り多くの回折反射を測定することが構造解析の実験において重要な点である。

どのように実験系を設定したときに回折が生じるかを図によってわかりやすく示したのが**エヴァルトの作図**（Ewald construction）である。**図 1.18**（a）に示すような実験系を考え，これに対応するエヴァルトの作図を図（b）に示す。図中には観察対象である結晶の逆格子が描かれており，大きさ $1/\lambda$ の入

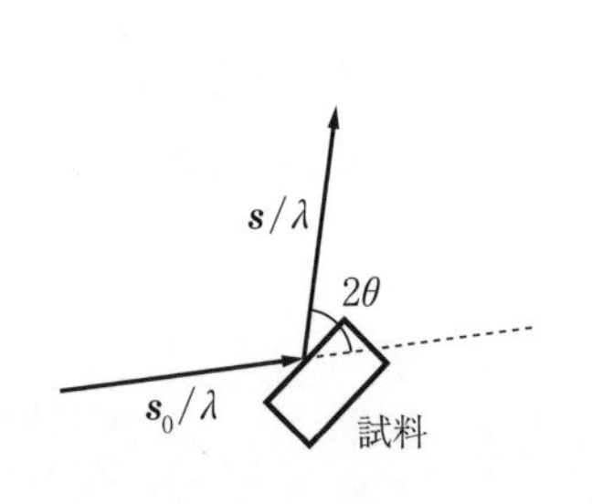

（a） 実験系

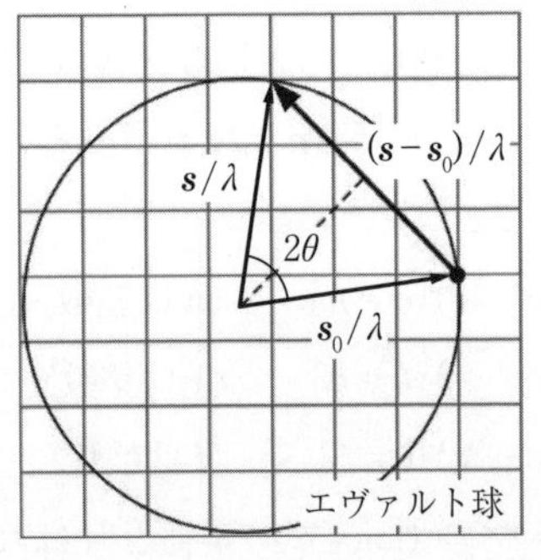

（b）（a）に対応するエヴァルトの作図

図 1.18　エヴァルトの作図法

射波ベクトル $\boldsymbol{s}_0/\lambda$ が原点を終点として描かれている。入射波ベクトルの始点と出射波ベクトル $\boldsymbol{s}/\lambda$ の始点を接続すると，これもまた大きさが $1/\lambda$ であるため，散乱角を変化させることにより半径 $1/\lambda$ の球が描かれる。これが**エヴァルト球**（Ewald sphere）と呼ばれるものであり，散乱ベクトル $(\boldsymbol{s}-\boldsymbol{s}_0)/\lambda$ がこの球上に必ず乗ることが作図からわかる。散乱ベクトルが逆格子ベクトルと一致する場合に回折が起こるので，エヴァルト球と逆格子点が重なる場所で回折が起こる条件を満たすことになる。波長が短いほどエヴァルト球の半径は長くなり，X線の 1/100 程度の波長を持つ電子線ではエヴァルト球が逆格子をほぼ平面で切るような状況を作ることができる。このため，入射方向によっては2次元的な電子回折図形が得られ，逆格子を把握するのに便利である。

また，図 1.18 と式 (1.7) より

$$|\boldsymbol{K}_{hkl}| = \frac{2\sin\theta}{\lambda} = \frac{1}{d_{hkl}} \tag{1.13}$$

の関係が得られる。少し変形すると

$$2\,d_{hkl}\sin\theta = \lambda \tag{1.14}$$

となり，これはよく知られた**ブラッグ条件**（Bragg condition）である。この式より，波長と散乱角は測定で設定するものであるから，結晶から強い回折が起こる条件は実格子の格子面間隔 d_{hkl} のみに依存することがわかる。格子面間隔 d_{hkl} は原子間距離と偶然同じになる場合もあるが，一般的には異なるものであることに注意したい。

上述したブラッグ条件の理解のため，**図 1.19** に示すような2枚の格子面上に存在する散乱体に着目する。格子面に対し入射角と出射角はどちらも θ で，図 1.18 の場合と同じである。まず，図（a）においては，図 1.17 と同様に行路差は式 (1.9) の $(\boldsymbol{s}-\boldsymbol{s}_0)\cdot\boldsymbol{r}$ となることがわかる。つぎに，図（b）のように格子面上で散乱体 A を移動させるとどうなるだろうか。図より，この場合も同様に行路差は $(\boldsymbol{s}-\boldsymbol{s}_0)\cdot\boldsymbol{r}'$ となる。興味深いことにこのように散乱体を移動させた場合でも，散乱体 A が同一の格子面に存在するという条件を満たせば，行路差の値はつねに一定となり，その値は $2\,d_{hkl}\sin\theta$ である。また，入射角と出

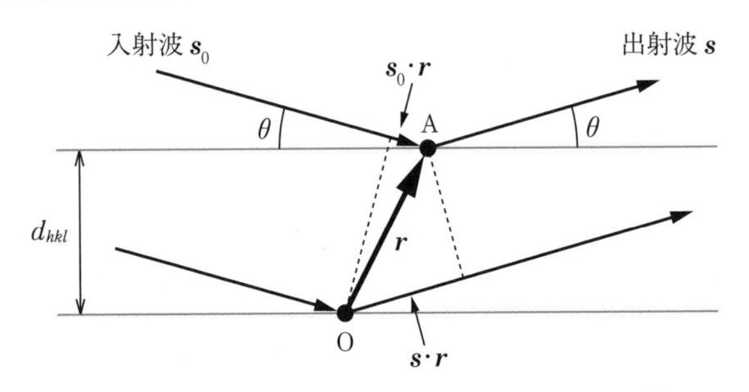

（a） 2枚の格子面に乗る散乱体OとAからの回折

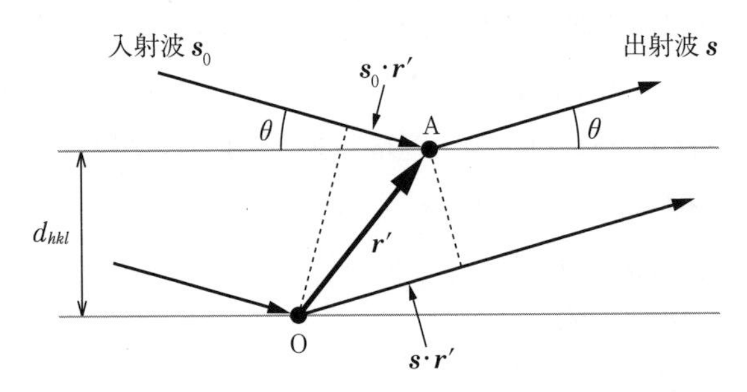

（b） 散乱体Aの位置を（a）の場合よりも右側にずらした状況での回折

図 1.19　格子面からの回折

射角が等しいことから，同一格子面上にある散乱体どうしからは行路差は生じない。つまり，行路差は格子面どうしの間隔のみに起因し，格子面内では生じない。このことから，結晶の格子面からの回折は，格子面を鏡面に見立てた反射のように捉えてよく，ブラッグ反射と呼ばれる。

1.2.4　単位胞中の原子配列からの回折

ここまでは空間格子からの回折条件を考え，逆空間における逆格子点に回折反射が生じることを示した。ここからは空間格子の各格子点に対し散乱体として原子あるいは原子集団を配置し，それら原子からの散乱を考え，結晶からの回折反射の強度を議論する。単位格子がいったん決まれば，回折反射の出る可能性のある逆空間内での場所は逆格子点となるが，原子の種類や配列の仕方によって，その強度の強弱は変化する。場合によっては，逆格子点であっても強度が消滅することもある。

まず，原子一つによるX線の散乱を考える。X線の原子核による散乱強度は非常に弱いため，原子に束縛された電子からの散乱を考慮すればよい。電子密度分布を $\rho(\boldsymbol{r})$ として，$\rho(\boldsymbol{r})$ からの散乱を求めるとき，散乱波の行路差を考える必要がある。前述した二つの散乱体による行路差と同様に考えれば，原子内の原点Oと位置ベクトル $\boldsymbol{r}$ の場所での行路差は $(\boldsymbol{s}-\boldsymbol{s}_0)\cdot\boldsymbol{r}$ となる。この位相差は

$$\frac{(\boldsymbol{s}-\boldsymbol{s}_0)}{\lambda}\cdot\boldsymbol{r} \tag{1.15}$$

となり，$(\boldsymbol{s}-\boldsymbol{s}_0)/\lambda=\boldsymbol{K}$ として，一つの原子によるX線の散乱振幅は

$$f=\int \rho(\boldsymbol{r})e^{2\pi i\boldsymbol{K}\cdot\boldsymbol{r}}d\boldsymbol{r} \tag{1.16}$$

と書ける。この f をX線の**原子散乱因子**（atomic scattering factor）と呼ぶ。**図1.20** にX線の原子散乱因子の例をいくつか示す。これより散乱ベクトルの大きさ K が大きくなると f が減衰することがわかる。また，原子番号が大きいほど f の値は大きくなる傾向にある。一つの原子による散乱強度は，一つの電子による散乱強度を I_e として

$$I=I_\mathrm{e}f^2 \tag{1.17}$$

と表せる。

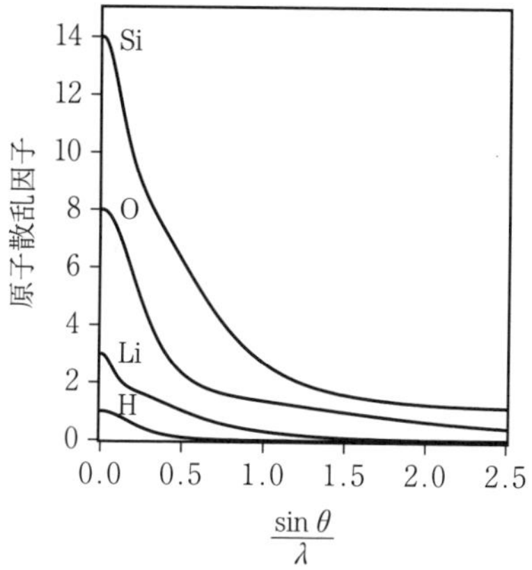

図1.20 X線の原子散乱因子（H，Li，O，およびSi原子の場合）

また，電子線の場合には電荷 $+Ze$ の原子核と Z 個の電子が作る静電ポテンシャルによって散乱される。詳細は省くが，電子線の原子散乱因子 f_e は，X線の原子散乱因子 f を使って

$$f_e \propto \frac{Z-f}{K^2} \tag{1.18}$$

と表せ，電子線の場合も散乱ベクトルの大きさ K が大きくなると減衰する。したがって，X線と電子線の原子散乱因子は比較的似た K 依存性を示す。

つぎに結晶全体からの回折強度について考える。空間格子は，基本周期ベクトル $\boldsymbol{a}$，$\boldsymbol{b}$，$\boldsymbol{c}$ を用いて式 (1.1) で与えられる。単位格子内の j 番目の原子の位置ベクトルを $\boldsymbol{r}_j$ とすると，結晶全体での等価な原子位置を

$$\boldsymbol{r}_{nj} = n_1\boldsymbol{a} + n_2\boldsymbol{b} + n_3\boldsymbol{c} + \boldsymbol{r}_j \qquad (n_1,\ n_2,\ n_3 \text{ は整数}) \tag{1.19}$$

と表せる。どの単位格子にも等価な位置に原子が必ず存在するが，この式はそれらをまとめて表現したものである。結晶の原点にある原子と $\boldsymbol{r}_{nj}$ にある原子との行路差を考えると，回折強度は

$$I = I_e \left| \sum_{n_j} f_j e^{2\pi i \boldsymbol{K}\cdot\boldsymbol{r}_{nj}} \right|^2 = I_e \left| \sum_j f_j e^{2\pi i \boldsymbol{K}\cdot\boldsymbol{r}_j} \sum_n e^{2\pi i \boldsymbol{K}\cdot(n_1\boldsymbol{a}+n_2\boldsymbol{b}+n_3\boldsymbol{c})} \right|^2 \tag{1.20}$$

と書ける。結晶の場合，このように単位格子内の原子からの寄与と空間格子からの寄与が分離でき，前者を

$$F(\boldsymbol{K}) = \sum_j f_j e^{2\pi i \boldsymbol{K}\cdot\boldsymbol{r}_j} \tag{1.21}$$

とすると，$F(\boldsymbol{K})$ は**結晶構造因子**（crystal structure factor）と呼ばれるもので，回折強度の中で単位格子内の原子配列が寄与している部分となる。後者の空間格子からの寄与の部分については 1.2.5 項で議論する。

ここでは，結晶構造因子 $F(\boldsymbol{K})$ について考える。$F(\boldsymbol{K})$ はこのままの形では議論しにくいため，逆格子ベクトル

$$\boldsymbol{K}_{hkl} = h\boldsymbol{a}^* + k\boldsymbol{b}^* + l\boldsymbol{c}^*$$

と，単位格子内の原子の位置について，原子座標 x_j，y_j，z_j $(0 \leq x_j,\ y_j,\ z_j < 1)$ を用いて

$$\boldsymbol{r}_j = x_j\boldsymbol{a} + y_j\boldsymbol{b} + z_j\boldsymbol{c}$$

と表したものを $F(\boldsymbol{K})$ に代入し，式 (1.5) の関係を用いると

$$F(hkl)=\sum_j f_j e^{2\pi i(hx_j+ky_j+lz_j)} \tag{1.22}$$

のように，ミラー指数 hkl と単位格子内の原子座標で表すことができる。十分に多くの単位格子を含む通常の結晶の場合，1.2.5 項で示すように，逆格子点 hkl のみに強い回折強度が現れるため，式 (1.22) を用いると見通しがよくなる。

ここで，結晶構造因子の具体的な計算例として鉄の fcc 構造を示す。単位格子内での鉄原子の位置を上記の x_j，y_j，z_j で示すと

$$0, 0, 0\,;\,0, 1/2, 1/2\,;\,1/2, 0, 1/2\,;\,1/2, 1/2, 0$$

の四つである。したがって，結晶構造因子の式 (1.22) にこれらを代入して

$$F(hkl)=f_{\mathrm{Fe}}\{1+e^{\pi i(k+l)}+e^{\pi i(h+l)}+e^{\pi i(h+k)}\}$$

となる。ここで，f_{Fe} は鉄原子の原子散乱因子である。h，k，l のそれぞれが偶数・奇数で場合分けをすると

$$F(hkl)=\begin{cases} 4f_{\mathrm{Fe}} & (h,\ k,\ l\text{ がすべて偶数または奇数}) \\ 0 & (h,\ k,\ l\text{ が偶奇混合}) \end{cases}$$

となり，fcc 構造では，100，110，112 などの偶奇混合の反射は強度を持たないことがわかる。先に，空間格子を決めると逆格子が決まり，回折強度を持つ可能性のある点が逆格子点であると述べたが，結晶構造因子の計算により，逆格子点でも強度が消滅する場合がある。この法則を**消滅則** (systematic absences) と呼ぶ（ただし，fcc 構造の場合，前述のとおり最小の単位胞は菱面体であり，本来，消滅則は存在しない。しかし，便宜上，上記のような議論を通常行う）。

つぎに，例えば 2 元合金 Fe–Pt で，fcc 構造が Fe_3Pt のような fcc 型規則構造である，$L1_2$ 構造に規則化した場合について考えてみる。四つの原子位置のうち，0，0，0 を Pt 原子が占有し，残りは Fe 原子となるため，結晶構造因子は

$$F(hkl)=f_{\mathrm{Pt}}+f_{\mathrm{Fe}}\{e^{\pi i(k+l)}+e^{\pi i(h+l)}+e^{\pi i(h+k)}\}$$

と表すことができる。この場合

$$F(hkl)=\begin{cases} f_{\mathrm{Pt}}+3f_{\mathrm{Fe}} & (h,\ k,\ l\text{がすべて偶数または奇数}) \\ f_{\mathrm{Pt}}-f_{\mathrm{Fe}} & (h,\ k,\ l\text{が偶奇混合}) \end{cases}$$

となり，偶奇混合の場合にも fcc 構造とは異なり強度を持つことがわかる。つまり，100，110，112 などの偶奇混合の反射が規則化によって出現することになる。このように規則化にともなって出現する反射を規則格子反射と呼ぶ。この反射の強度は Pt 原子と Fe 原子の原子散乱因子の差の 2 乗に比例しており，同種原子であればこの差が 0 となり消滅することがわかる。**図 1.21** に fcc 構造および $L1_2$ 構造から計算した [001] 入射の電子回折図形を構造とともに示す。前述したように，電子回折図形は逆格子の断面を近似的に示している。

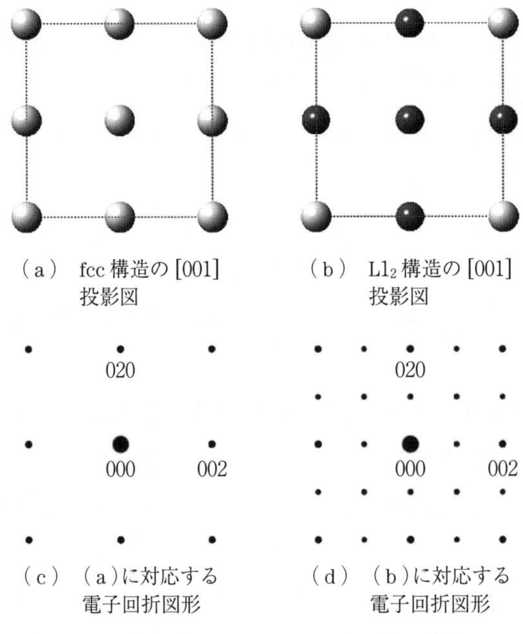

図 1.21　fcc 構造の不規則および規則構造と対応する電子回折図形

1.2.5　結晶の大きさの効果

結晶からの回折強度の強度極大は逆格子点位置にあるため，これまでは逆格

子点 hkl における強度のみを議論してきた。実際，後述するように結晶のサイズが十分大きければ回折ピークは非常に鋭く，逆格子点のみの強度の議論で十分である。ここでは，結晶の大きさが著しく減少し，例えば，ナノスケールの微結晶からなるような材料を考えた場合，回折反射のピーク形状や強度にどのような影響が生じるかを検討する。具体的には，1.2.4 項の式 (1.20) で示した結晶からの回折強度

$$I = I_e |F(\boldsymbol{K})|^2 \left| \sum_n e^{2\pi i \boldsymbol{K}\cdot(n_1\boldsymbol{a}+n_2\boldsymbol{b}+n_3\boldsymbol{c})} \right|^2$$

における空間格子からの寄与の部分である

$$\sum_n e^{2\pi i \boldsymbol{K}\cdot(n_1\boldsymbol{a}+n_2\boldsymbol{b}+n_3\boldsymbol{c})} \tag{1.23}$$

において，単位格子の数を変化させた際の挙動について考える。各辺の単位格子の数を N_1，N_2，N_3 個とし，全体で $N_1N_2N_3$ 個の単位格子があるとする。見やすいよう n_1 の部分のみ抜き出すと，これは項比 $e^{2\pi i\boldsymbol{K}\cdot\boldsymbol{a}}$ の等比級数の和として

$$\sum_{n_1=0}^{N_1-1} e^{2\pi i \boldsymbol{K}\cdot n_1\boldsymbol{a}} = \frac{1-e^{2\pi i N_1\boldsymbol{K}\cdot\boldsymbol{a}}}{1-e^{2\pi i\boldsymbol{K}\cdot\boldsymbol{a}}} = \frac{e^{2\pi i N_1\boldsymbol{K}\cdot\boldsymbol{a}/2}}{e^{2\pi i\boldsymbol{K}\cdot\boldsymbol{a}/2}} \frac{\sin(2\pi N_1\boldsymbol{K}\cdot\boldsymbol{a}/2)}{\sin(2\pi\boldsymbol{K}\cdot\boldsymbol{a}/2)} \tag{1.24}$$

のように書ける。指数項の絶対値の 2 乗は 1 となるので，回折強度はけっきょく

$$I = I_e |F(\boldsymbol{K})|^2 L(\boldsymbol{K}) \tag{1.25}$$

$$L(\boldsymbol{K}) = \left(\frac{\sin(\pi N_1\boldsymbol{K}\cdot\boldsymbol{a})}{\sin(\pi\boldsymbol{K}\cdot\boldsymbol{a})}\right)^2 \left(\frac{\sin(\pi N_2\boldsymbol{K}\cdot\boldsymbol{b})}{\sin(\pi\boldsymbol{K}\cdot\boldsymbol{b})}\right)^2 \left(\frac{\sin(\pi N_3\boldsymbol{K}\cdot\boldsymbol{c})}{\sin(\pi\boldsymbol{K}\cdot\boldsymbol{c})}\right)^2$$

となる。この最後の項 $L(\boldsymbol{K})$ は**ラウエ関数**（Laue function）と呼ばれる。ラウエ関数の性質から，単位格子の数が多いほどピークは鋭くなり，少ないとブロードになることがわかる。

図 1.22 には格子定数 a を 1 nm としたときの 1 次元のラウエ関数を示している。単位格子の数 N が 5 や 10 程度では逆格子点（K=1，2，…）を中心にブロードな分布を示している。一方，N が 100 程度まで大きくなると，非常にシャープで強い強度のピークとなることがわかる。また，ラウエ関数は，$\boldsymbol{K}\cdot\boldsymbol{a}$，$\boldsymbol{K}\cdot\boldsymbol{b}$，$\boldsymbol{K}\cdot\boldsymbol{c}$ が整数のとき（つまり回折条件を満たすとき）が主極大となり，その値は $(N_1N_2N_3)^2$ となる。上述したように，$N_1N_2N_3$ が大きいときには極大

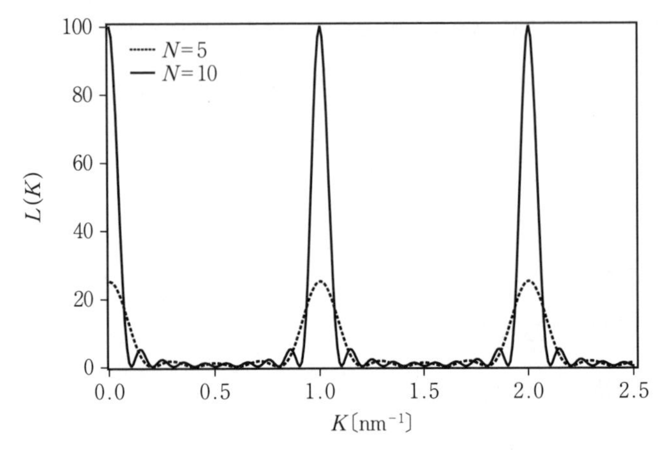

（a） N=5 および 10 の場合

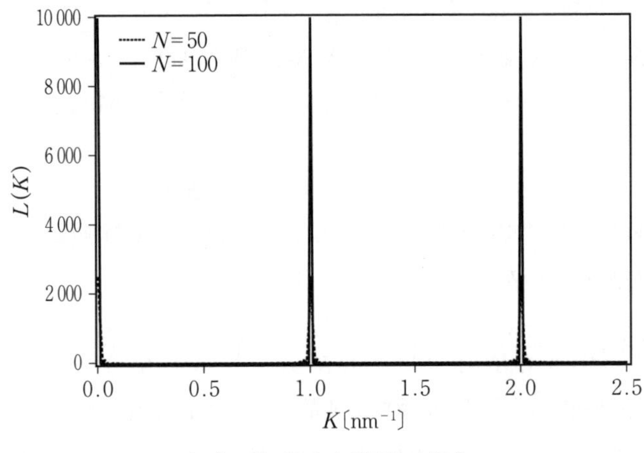

（b） N=50 および 100 の場合

図 1.22　ラウエ関数

の幅が狭くなり，そのほかの場所では強度がほぼ 0 となる。実際の標準的な結晶では単位格子の数はきわめて多いので

$$I(hkl) = I_e |F(hkl)|^2 (N_1 N_2 N_3)^2 \tag{1.26}$$

と書くことができる。つまり，回折強度は逆空間内で，逆格子点 hkl のみに値を持ち，その値の大小は結晶構造因子 $F(hkl)$ によって決まることがわかる。

1.3 材料組織と格子欠陥

1.3.1 結晶材料の組織

1.1節および1.2節では結晶が完全な周期性を持ったものと仮定し，その対称性による分類や構造解析法について議論してきた。しかし，実際の材料でそのような完全結晶を持つ場合はまれであり，多くはさまざまな**格子欠陥**（lattice defect または crystal defect）や微細組織を含んでいる。むしろそれらを積極的に制御し，所望の材料特性を得ることが材料科学の目的の一つである。そこで，本節では結晶材料の内部に存在するさまざまな格子欠陥や微細組織について概観する。

結晶に存在する欠陥はその空間的な広がりから0次元～3次元に分類することができる。0次元は点に相当するもので原子空孔などの点欠陥が存在する。また，線である1次元欠陥に相当するものとしては転位がある。転位は金属の変形などに重要な役割を果たす欠陥であり，転位論は大きな研究分野となっている。2次元の欠陥は面欠陥と呼ばれ，積層欠陥やさまざまな界面・粒界などがこれに相当する。さらに3次元の欠陥として内部の空洞である気孔（ボイド）などがある。

このように材料のなかには結晶の周期性を乱すさまざまな次元の欠陥が存在し，さまざまな領域が組み合わさって階層的な微細組織が形成されることにより，材料の特性に影響を与えている。まったく同じ化学組成の材料であっても，その性質は微細組織によって大きく変化し得ることを認識することが重要である。

さらに近年では，材料自体も3次元の広がりを持つ通常のバルク材だけでなく，ナノ微粒子（0次元），ナノチューブ（1次元），ナノシート（2次元）のように，さまざまな次元性を示すもの（**図1.23**）や，ポーラス材料のように特徴的な内部表面を持つものが数多く作製されており，ここでは取り上げないが，従来の3次元バルク構造との違いを十分に把握しておく必要がある。

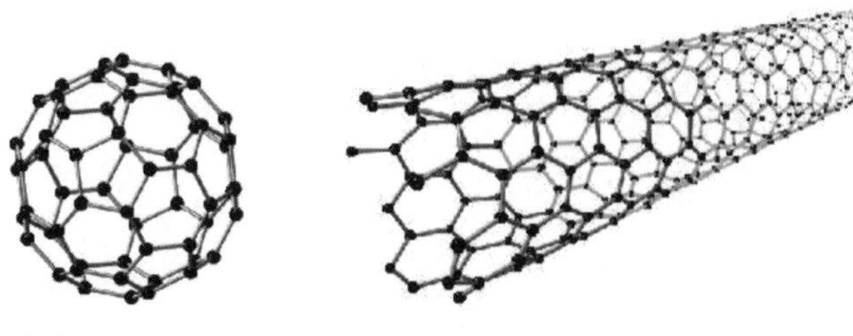

（a） ナノ微粒子
（フラーレン）

（b） ナノチューブ（カーボンナノチューブ）

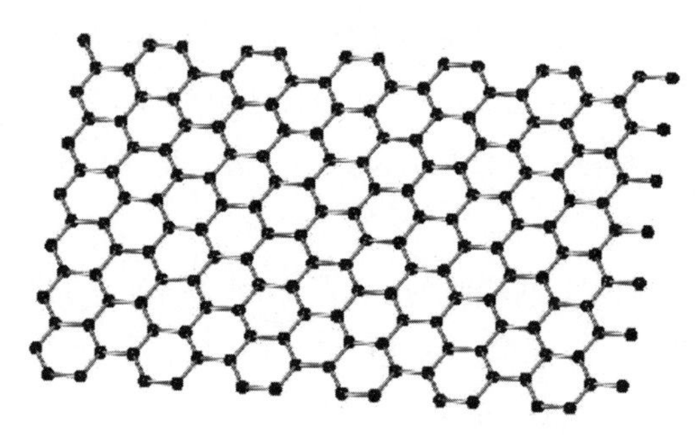

（c） ナノシート（グラフェン）

図 1.23　さまざまな次元性を示す炭素物質

1.3.2 点　　欠　　陥

点欠陥（point defect）とは，結晶のある原子サイトに本来あるべき原子が欠損したり，ほかの元素によって置換されたりする状況を表すもので，原子 1 個から数個レベルの欠陥のことである。また，格子間位置に新たな原子が入る場合も点欠陥と呼ぶ。

種々の点欠陥について**図 1.24** に模式的に示す。まず，格子位置にあるべき原子が欠損しているサイトは**空孔**（vacancy）と呼ばれている。空孔は原子拡散において重要な役割を果たすことが知られている。それとは逆に，本来原子が存在しない位置に原子があるものを自己格子間原子という。また，構造を構成している元素とは異なる不純物元素が格子位置の本来の元素と置き換わっているものは不純物置換原子，格子間にあるものを不純物格子間原子という。

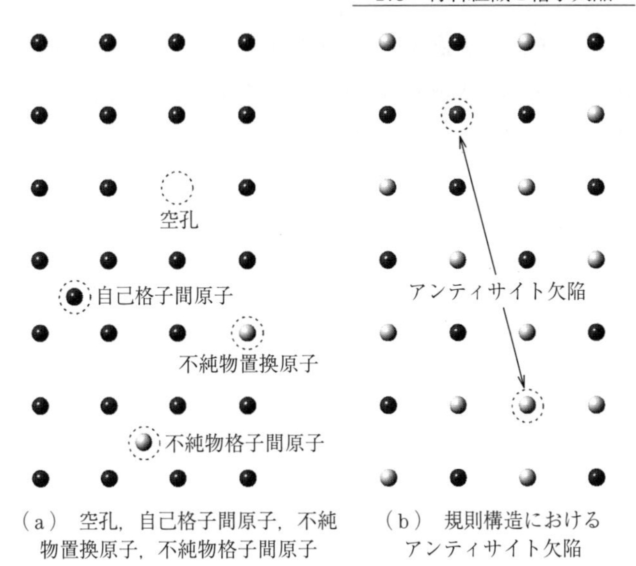

（a）　空孔，自己格子間原子，不純物置換原子，不純物格子間原子　　（b）　規則構造におけるアンティサイト欠陥

図 1.24　種々の点欠陥

A-B 規則合金のように 2 種類の異なる元素が規則構造を作っている場合では，例えば元素 A が本来あるサイトに元素 B があるような状況をアンティサイト欠陥と呼ぶ。

これらの点欠陥が導入される起源として，まず空孔の場合，熱平衡状態として温度に依存する濃度で存在できることが挙げられる。このほかに，結晶を塑性変形させたり，高エネルギー粒子を材料に打ち込んだりすることによっても点欠陥は導入される。

点欠陥はほぼ原子一つ分の欠陥ではあるものの，近距離ではあるが（r^{-3} 程度の距離依存性），格子のひずみはその周辺に広がってひずみ場を形成している。このように原子が本来の平衡位置からずれている場合，1.2.4 項で議論した回折強度は

$$I \propto \left| \sum_m f_m e^{2\pi i \boldsymbol{K}(\boldsymbol{r}_m + \boldsymbol{u}_m)} \right|^2 \qquad (1.27)$$

のように書ける。f_m は m 番目の原子の原子散乱因子，$\boldsymbol{r}_m$ は m 番目の原子の位置ベクトル，$\boldsymbol{u}_m$ は m 番目の原子の変位ベクトル，$\boldsymbol{K}$ は散乱ベクトルであ

る。式 (1.27) より，回折強度はひずみ場である $\boldsymbol{u}_m$ に大きく依存することがわかる。特に点欠陥から比較的遠い位置でのひずみ場に起因し，ブラッグ反射近傍に出現する散漫散乱は Huang 散乱と呼ばれ，点欠陥の観測手法の一つとして知られている。

1.3.3 線　　欠　　陥

線欠陥（linear defect）の代表は，転位と呼ばれる線状の欠陥である。金属結晶ですべりを起こすために必要なせん断応力が理論値の数千～数万分の一であるという事実を説明するために，転位の移動という機構が考え出された。転位近傍ではきわめて大きい格子ひずみが生じ，これに起因するひずみ場も広範囲に及ぶ（r^{-1} 程度の距離依存性）。転位は結晶中で途切れることがなく，表面あるいは粒界に抜けるか，ループで閉じているかのいずれかである。転位は金属結晶の変形を担う単位としての役割を果たしており，格子欠陥のなかでも特に重要なものである。

さて，転位はなぜ入るのだろうか。空孔の場合とは異なり，転位は高温でも熱平衡濃度はほぼ 0 であることが知られている。つまり，熱平衡状態としての転位の存在は考えにくい。考えられる転位の起源としては，結晶成長，相変態，外部応力・熱応力，空孔の凝集，溶質原子の偏析などのプロセスによる導入が挙げられる。

転位には刃状転位とらせん転位の 2 種類とそれらの混合転位が存在する。単純立方構造における**刃状転位**（edge dislocation）および**らせん転位**（screw dislocation）の模式図を**図 1.25**，**図 1.26** にそれぞれ示す。まず刃状転位では，せん断応力により完全結晶の上半分が左方向へ移動する状況を考える。その結果，図 1.25 の破線で囲った格子面は 1 枚余分に入ったものと捉えられ，この部分の近傍が刃状転位と呼ばれる。この余分な格子面が逐次的に移動することでせん断変形が進行する。つぎに，らせん転位であるが，図 1.26 中の黒丸および白丸で表される原子の領域に対して逆方向にせん断応力がかかる状況を考える。これにより下図のように原子のずれが生じる。最も右端の白丸原子は黒

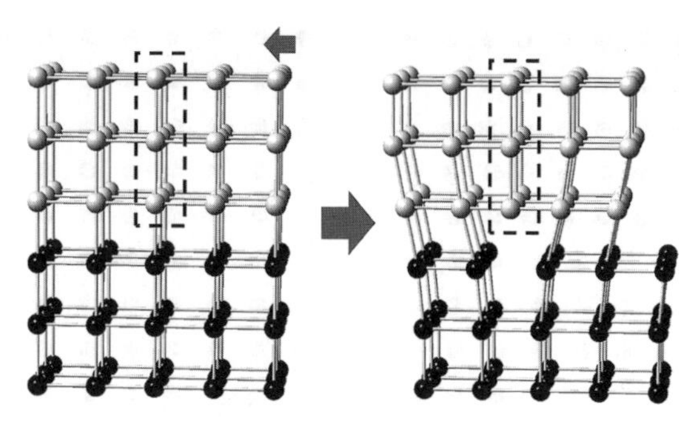

図 1.25　刃状転位

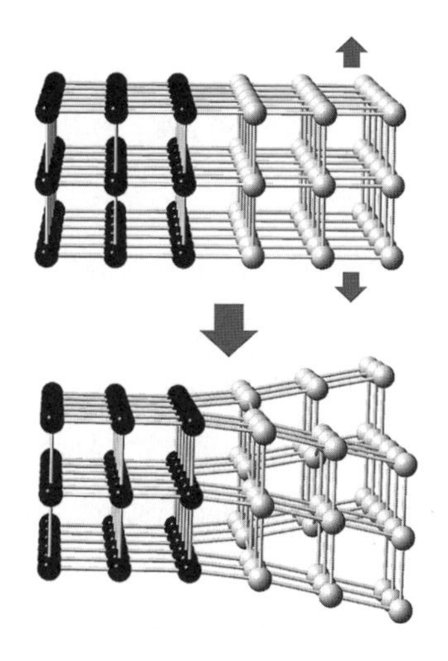

図 1.26　らせん転位

丸原子の格子一つ分下に結合しており，ずれた形で通常の結晶に戻っている。このようなずれが生じている領域をらせん転位といい，らせん転位の周辺を回ると一つ上（あるいは下）の格子面に移動するため，このような名がついた。刃状転位の1枚余分に原子面が入った部分とらせん転位で逆向きにずれた部分はどちらも大きくひずんでおり，それらの領域が上下方向に延々と続いていることになる。

ここで，転位を特徴づける量である**バーガース・ベクトル**（Burgers vector）について簡単に説明する。バーガース・ベクトルは転位が入った結晶を完全結晶と比較することで決めることができる（**図 1.27**）。まず転位が入った結晶

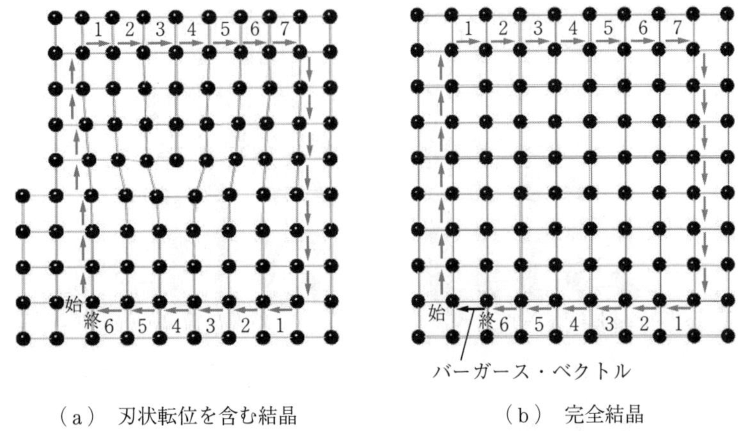

（a）　刃状転位を含む結晶　　　（b）　完全結晶

図 1.27　バーガース・ベクトルの定義

で，転位のまわりを紙面に向かって右回りに一周し，つぎに完全結晶でまったく同じように一周する。そうすると完全結晶では，終点は始点と一致せずに隙間が空いてしまう。この終点から始点へ向けた矢印をバーガース・ベクトルと呼ぶ。バーガース・ベクトルの定義の仕方は別にもあるが，ここで示した方法は FS/RH(perfect) と呼ばれる（FS は終点から始点に向けて矢印を描く (finish → start)，RH は右手系を使う（right-handed system），perfect は完全結晶内で定義する，の意である)。

転位に起因するひずみ場も当然回折強度に影響を及ぼす。ひずみ場の広がりが大きいことから，透過型電子顕微鏡において回折コントラストによる像として比較的容易に観察することができる。理論で予測されていた転位を初めて実証したのも，この回折コントラスト法によってである。回折条件を変えながら結像する際，散乱ベクトルがバーガース・ベクトルと垂直になっている場合には格子のひずみコントラストは消滅し，逆に平行である場合には強いひずみコントラストが観測されることになる。

1.3.4　面　　欠　　陥

結晶材料中に見られる**面欠陥**（planar defect）としては，積層欠陥，反位相境界，粒界などが挙げられる。

積層欠陥（stacking fault）は格子面の積層の仕方の乱れであり，典型的な例としてfcc構造およびhcp構造の最密面である$\{111\}_{fcc}$および$(0001)_{hcp}$面の積層欠陥が知られている。最密面の積層として見た際に，1.1.5項で述べたように最密面上で積層可能な位置は3通りであり，それらをa，b，cとすると，fcc構造はabcabcabc…，hcp構造はababababab…の積層となる。例えば，fcc構造の積層欠陥として考えられるのは，abcab**a**cabcabc…のようなbとcの間に余分なaが挿入されたものと，abcabc*bcabcabc…のように*の部分に本来あるaが除去されたものがある。前者をextrinsic型，後者をintrinsic型の積層欠陥と呼ぶ。積層欠陥は数多く存在すれば電子回折図形中に積層面の法線方向に伸びるストリークとして観測される。

反位相境界（antiphase boundary）は規則構造に特有の面欠陥である。例えば，bcc構造の規則構造であるB2構造の反位相境界の模式図を**図1.28**に示す。白丸と黒丸は異なる元素を表しており，反位相境界でその並び方が逆になっている様子がわかる。仮に元素がすべて同じであれば完全なbcc構造であり，元素の違いのみに起因する面欠陥である。境界では完全なB2構造中には見られない黒丸原子どうしの最近接原子対が見られることが特徴である。反位相境界が周期的に導入されることにより，長周期の規則構造（変調構造）が形成されることもある。反位相境界は透過電子顕微鏡において規則格子反射により結像することで観察が可能である。

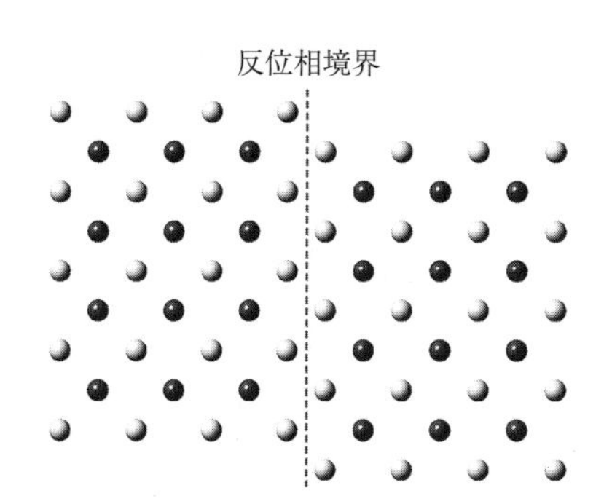

図1.28　反位相境界

粒界（grain boundary）は，多結晶材料であれば必ず存在する，異なる結晶粒間の境界である。境界を挟んだ二つの結晶間の傾き角から，小傾角粒界（15°以下）や大傾角粒界（15°以上）に分けられる。比較的傾きが小さい小傾角粒界の場合，**図 1.29** に示すように粒界に刃状転位が並ぶことで傾きによる隙間をうまく埋めている。一方，結晶の方位が大きく異なる大傾角粒界では小傾角粒界のときのように転位を置いて両側の結晶をつなぐことは一般に難しくなる。そこで，大傾角粒界に対してはいくつか別のモデルが提案されており，ここでは**対応粒界**（coincidence grain boundary）と呼ばれるモデルを簡単に紹介する。

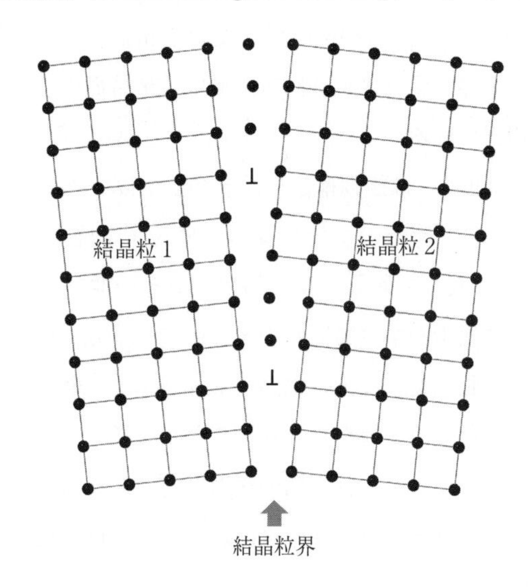

図 1.29　小傾角粒界

境界を挟んだ二つの結晶がある特定の角度で接合しているとき，その方位関係で二つの結晶構造を重ねると，いくつかの原子サイトが整合性よく重なる場合がある。重なった原子のサイトを結ぶと，二つの結晶に共通な格子を作ることができる。通常，金属などの結晶粒は高温での融体状態からの冷却過程で無秩序に核生成し成長すると考えられる。そのため，必ずしも対応粒界のような明瞭な方位関係で結晶どうしが接合するとは限らない。このような場合には，非晶質のような乱れた構造を持つランダム粒界が形成されると考えられる。しかし，乱れた構造ゆえ不明な点が多い。

1.4　非晶質と準結晶

1.4.1　構造の乱れと非晶質

前節では結晶の内部に存在する欠陥の概要を紹介した。欠陥を含む結晶は，1.1節で示した並進対称性や回転対称性のような結晶を不変に保つ対称性を持っていないため厳密にいえば結晶ではないが，大部分の領域が結晶であることから完全結晶からのずれとして捉えることができる。これらは，結晶にトポロジー型と呼ばれる乱れを導入したものとして理解され，それらは具体的には転位や粒界などであった。しかし，このような乱れを大量に導入したとしても，基本の構造はあくまでも結晶である。一方で，部分的にもまったく並進対称性や回転対称性を持たない原子配列を有する**非晶質**（amorphous）と呼ばれる固体材料も存在する。

並進対称性を持たない非晶質のような物質は**トポロジー型の無秩序**（topological disorder）を有するといわれている。これは結晶のように原子が定まったサイトに存在しないという意味で使われている。一方で，合金の結晶でよく見られる固溶体（fcc構造，bcc構造など）においては，原子サイトは周期性を保っているが，そこに置かれる原子の種類がランダムであるため，**化学的無秩序**（chemical disorder）を有するといわれる。**図1.30**にこれらの模式図を示す。固溶体は並進対称性がないので厳密にいえば結晶ではないが，通

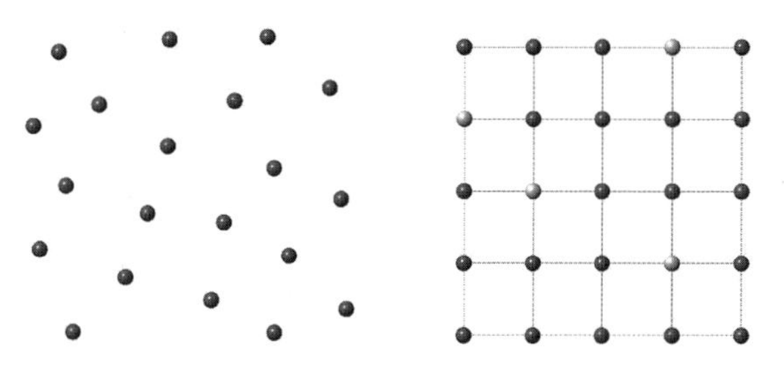

（a）　トポロジー型の無秩序構造　　（b）　化学的無秩序構造

図1.30　2種類の無秩序構造

常は結晶として扱い，非晶質の仲間には入れない。

トポロジー型の無秩序である非晶質の原子配列は結晶と比べると大きく乱れているが，まったくランダムというわけでもない。結晶は並進対称性があるため長距離の秩序が存在するが，一方で非晶質は短距離での秩序が存在する。これはある原子の周辺の環境がある程度類似しているということであり，後述するように動径分布関数によっておおまかな特徴を知ることができる。環境とはある範囲での平均原子数などのことであるが，多元素系であれば異種元素が最近接に存在しやすいなどの**化学的短距離秩序**（chemical short range order）が存在することもある。例えば，シリカガラス（SiO_2）のような酸化物ガラスには強い化学的短距離秩序があり，Si の最近接は必ず O が結合する（**図 1.31**）。短距離秩序のより本質的な意味合いや，さらに広範囲の秩序については不明な点が多く，現在も研究が進められている。

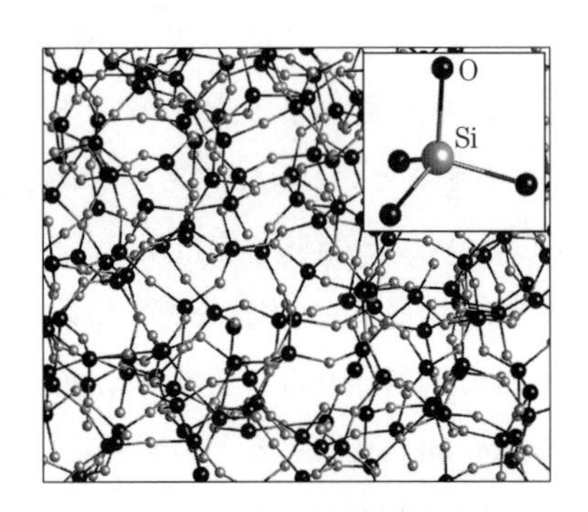

図 1.31　SiO_2 の化学的短距離秩序構造とそのネットワーク

非晶質材料の液体からの形成について熱力学的な観点から見ると，**ガラス転移**（glass transition）と呼ばれる状態変化と関係している。転移とあるが，いわゆる平衡相の間の相転移ではないという見解が一般的であることに注意したい。ガラス転移の理論的モデルは数多くあり，大きな研究分野となっている。高温側で平衡状態である液相を，融点において結晶化を回避するように冷却することで過冷却液体状態となり，さらに冷却することでガラス状態となる。過冷却液体状態からガラス状態に変化する温度をガラス転移点と呼ぶ。ガラス転移点は冷却速度によって変化するという特徴がある。また，ガラス状態は準安定状態であり，その温度域での平衡状態は結晶である。

非晶質材料を作製するおもな方法としては，液体急冷法，スパッタリング法，ゾル・ゲル法，固相反応（メカニカルアロイング）法，イオン照射法などが知られている。最も広く用いられている方法は液体急冷法であり，その名のとおり，物質を一度高温に保持して液体状態とし，その後結晶化が起きない程度の速度で冷却を行うものである。

1.4.2 非晶質からの回折

1.2節では結晶による回折について説明した。結晶ではその周期性を利用し，単位格子内の原子配列と空間格子からの寄与に分離することにより回折強度の計算を行った。非晶質ではそのような単純化はできないため，結晶とは異なるアプローチで解析を行うことになる。具体的には回折強度から**構造因子**（structure factor）と呼ばれる逆空間の情報を求め，それをフーリエ変換することで実空間の**動径分布関数**（radial distribution function）と呼ばれる2体原子相関を導出することになる。

まず，分子などがランダム配向した物質からの一般的な回折について考える。結晶の場合，式(1.24)のように回折強度は等比級数として計算できたが，ランダム配向物質ではそのような単純化はできない。そこで回折強度を2原子間の位置ベクトルの差（$\boldsymbol{r}_{mn}=\boldsymbol{r}_m-\boldsymbol{r}_n$）に関して

$$\frac{I(\boldsymbol{Q})}{I_\mathrm{e}}=I(\boldsymbol{Q})_{eu}=\sum_{m=1}^{N}f_m(\boldsymbol{Q})e^{i\boldsymbol{Q}\cdot\boldsymbol{r}_m}\sum_{n=1}^{N}f_n(\boldsymbol{Q})e^{-i\boldsymbol{Q}\cdot\boldsymbol{r}_n}$$

$$=\sum_{m=1}^{N}\sum_{n=1}^{N}f_m(\boldsymbol{Q})f_n(\boldsymbol{Q})e^{i\boldsymbol{Q}\cdot(\boldsymbol{r}_m-\boldsymbol{r}_n)}=\sum_{m=1}^{N}\sum_{n=1}^{N}f_m(\boldsymbol{Q})f_n(\boldsymbol{Q})e^{i\boldsymbol{Q}\cdot\boldsymbol{r}_{mn}}$$

のように表す。さらに，$n=m$である自分自身からの散乱と相関項を分けて

$$I(\boldsymbol{Q})_{eu}=\sum_{m=1}^{N}f_m{}^2(\boldsymbol{Q})+\sum_{m=1}^{N}\sum_{n=1}^{N}f_m(\boldsymbol{Q})f_n(\boldsymbol{Q})e^{i\boldsymbol{Q}\cdot\boldsymbol{r}_{mn}} \tag{1.28}$$

となる。ただし，ここでは散乱ベクトルを$|\boldsymbol{Q}|=4\pi\sin\theta/\lambda$（$=2\pi|\boldsymbol{K}|$）とし，$f_n$は$n$番目原子の原子散乱因子，$\boldsymbol{r}_n$は$n$番目原子の位置ベクトルである。こ

れは例えば，分子どうしが十分に離れた希薄気体中の分子一つの回折強度に相当する。気体の場合であれば，時々刻々回転するため，一つの分子でも時間平均すれば3次元的に等方的な強度分布を示すはずである。あるいは，ある時刻のスナップショットで多数の分子を考えれば，それらはランダム配向しているはずであり，気体全体からは等方的な強度分布が得られる（この場合，分子の個数を N とすると強度は N 倍になる）。このような等方的な回折強度はもはや3次元の情報にしておく意味はなく，これを1次元の情報に変換したい。そこで，球面座標系を使ってすべての方向に対し，$\boldsymbol{r}_{mn}$ の入った指数項を平均化すると

$$\langle e^{i\boldsymbol{Q}\cdot\boldsymbol{r}_{mn}}\rangle = \frac{1}{4\pi r_{mn}^2}\int_0^{\pi} e^{iQr_{mn}\cos\phi} 2\pi r_{mn}^2 \sin\phi\, d\phi = \frac{\sin Qr_{mn}}{Qr_{mn}} \tag{1.29}$$

となる。第2項から第3項の変形は，例えば $\cos\phi = \alpha$ と置いて置換積分を行う。これより以下の**デバイの散乱式**（Debye scattering equation）が導かれる。

$$I(Q)_{eu} = \sum_{m=1}^{N} f_m^2(Q) + \sum_{m=1}^{N}\sum_{n=1}^{N} f_m(Q) f_n(Q) \frac{\sin Qr_{mn}}{Qr_{mn}} \tag{1.30}$$

これは上述したように3次元の強度が1次元に焼き直されたものであり，$\boldsymbol{Q}$ と $\boldsymbol{r}_{mn}$ がスカラになっていることに注意したい。また，この式からランダム配向した気体分子からの散乱強度は分子を構成する原子間の距離 r_{mn} により決まることが理解できる。二つの項を再びまとめ，簡略化して書くと

$$I(Q)_{eu} = \sum_m \sum_n f_m f_n \frac{\sin Qr_{mn}}{Qr_{mn}} \tag{1.31}$$

とシンプルな形となる。これは分子一つからの強度式であるため，これに気体中の分子の個数 N を掛ければ，気体全体からの回折強度となる。

つぎに，非晶質からの回折について考えてみる。非晶質は結晶のように並進対称性はないものの密度は結晶に近いため，各原子周辺のある程度の範囲までは原子の存在確率が高い領域と低い領域が存在すると予想される。このような原子分布を記述するには，平均の原子数密度 ρ_0 を基準とし，そこからのずれを動径方向への1次元の関数として議論するのが便利である。3次元構造から

の回折強度を1次元に焼き直し，各原子の配位環境を距離の関数として表す動径分布関数を1次元回折強度から導出するのがここでの目的である。

簡単のため，系は単一の元素から構成されているとすると，上述した回折強度の式は

$$I(\boldsymbol{Q})_{eu}=\sum_{m=1}^{N}f^2(\boldsymbol{Q})+\sum_{m=1}^{N}f^2(\boldsymbol{Q})\sum_{\substack{n=1\\(n\neq m)}}^{N}e^{i\boldsymbol{Q}\cdot\boldsymbol{r}_{mn}} \tag{1.32}$$

となる。原子 m から距離 r_{mn} にある微小体積 dV_n 中に含まれる原子数を $\rho_m(r_{mn})dV_n$ とし（$\rho_m(r_{mn})$ は数密度関数），これを試料全体に積分する形に書き換えると

$$I(\boldsymbol{Q})_{eu}=\sum_{m=1}^{N}f^2(\boldsymbol{Q})+\sum_{m=1}^{N}f^2(\boldsymbol{Q})\int\rho_m(\boldsymbol{r}_{mn})e^{i\boldsymbol{Q}\cdot\boldsymbol{r}_{mn}}dV_n$$

となる。ここで，平均の原子数密度 ρ_0 と数密度関数 $\rho_m(\boldsymbol{r}_{mn})$ を使って，距離 r_{mn} での密度の平均密度からのずれを表現すると，次式のようになる。

$$I(\boldsymbol{Q})_{eu}=\sum_{m=1}^{N}f^2(\boldsymbol{Q})+\sum_{m=1}^{N}f^2(\boldsymbol{Q})\int(\rho_m(\boldsymbol{r}_{mn})-\rho_0)e^{i\boldsymbol{Q}\cdot\boldsymbol{r}_{mn}}dV_n$$
$$+\sum_{m=1}^{N}f^2(\boldsymbol{Q})\int\rho_0e^{i\boldsymbol{Q}\cdot\boldsymbol{r}_{mn}}dV_n$$

これは一見複雑に見えるが，右辺の第2項で引いた ρ_0 に関する部分を第3項で加えているだけである。ここで，それぞれの原子から位置 $\boldsymbol{r}$ での数密度を試料全体で平均化したものを $\rho(\boldsymbol{r})$（$=\langle\rho_m(\boldsymbol{r}_{mn})\rangle$，$\boldsymbol{r}_{mn}=\boldsymbol{r}$ とした場合）とし，試料に異方性がなければ $\boldsymbol{r}$ をスカラとして動径数密度関数 $\rho(r)$ を考えることができ，上式第2項の体積積分は球面座標系を使うと

$$\int_0^\infty\int_0^\pi 2\pi r^2\sin\phi(\rho(r)-\rho_0)e^{iQr\cos\phi}drd\phi=\int_0^\infty 4\pi r^2(\rho(r)-\rho_0)\frac{\sin Qr}{Qr}dr$$

とさきほどのデバイの散乱式と同様な形が出てきて1次元に焼き直された形になる。けっきょく，強度の式は

$$I(Q)_{eu}=Nf^2(Q)+Nf^2(Q)\int_0^\infty 4\pi r^2(\rho(r)-\rho_0)\frac{\sin Qr}{Qr}dr \tag{1.33}$$

と書くことができる。ただし，ρ_0 に関する第3項については非常に微小な量となるため，ここでは無視できる。

ここで，構造因子 $S(Q)$

$$S(Q) = \frac{I(Q)_{eu}}{Nf^2(Q)} \tag{1.34}$$

を定義する。$Nf^2(Q)$ は原子の相関がまったくないときの強度に相当することに注意したい。構造因子 $S(Q)$ は，けっきょく

$$S(Q) = 1 + \int_0^\infty 4\pi r^2(\rho(r) - \rho_0)\frac{\sin Qr}{Qr}dr \tag{1.35}$$

となり，少し変形すると

$$Q[S(Q) - 1] = \int_0^\infty 4\pi r(\rho(r) - \rho_0)\sin Qrdr \tag{1.36}$$

となる。この関数 $Q[S(Q)-1]$ のフーリエ正弦変換より動径分布関数

$$4\pi r^2\rho(r) = 4\pi r^2\rho_0 + \frac{2r}{\pi}\int_0^\infty Q[S(Q) - 1]\sin QrdQ \tag{1.37}$$

が得られる。

このように回折強度から実空間の情報である動径分布関数を求めることができる。また，動径分布関数のピーク位置からは原子間距離を，ピーク下の面積からは**配位数**（coordination number）を知ることが可能である。このように非晶質の場合，厳密な原子配置を知ることは困難であり，動径分布関数のような2体原子相関の統計的な情報のみが得られることになる。一例として，**図1.32**には非晶質 $Fe_{79}Si_5B_{16}$ から得られた $Q[S(Q)-1]$ および動径分布関数を示す。図（a）の $Q[S(Q)-1]$ では第1～第3ピークは明瞭であるが，高散乱

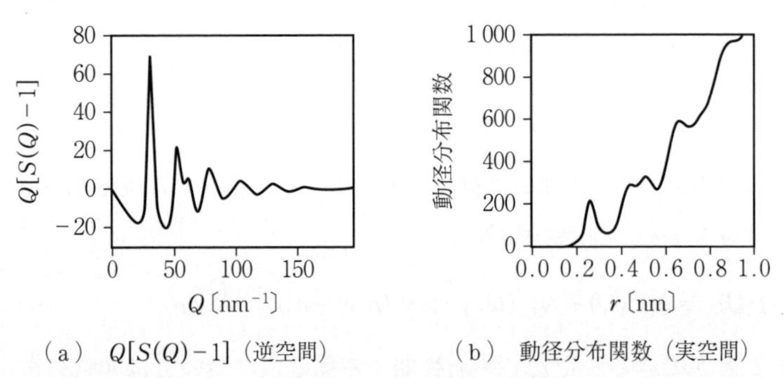

（a） $Q[S(Q)-1]$（逆空間）　　（b） 動径分布関数（実空間）

図1.32　非晶質 Fe-Si-B から得られた逆空間および実空間のプロファイル

角側では減衰することがわかる。この減衰は非晶質特有のものであるが，金属系ではすぐに減衰が起こるが，シリカガラスのようなネットワークガラスでは比較的振動が高散乱角側まで続く。いずれにしても，動径分布関数の形状の詳細を得るためにはできる限り高散乱角側まで強度を測定することが重要となる。この $Q[S(Q)-1]$ から得られた動径分布関数（図（b））からは実空間の情報，上述したように平均の原子間距離や配位数が得られ，第1近接の原子間距離はこの場合 0.255 nm 程度である。また，原子間の距離が大きくなるにつれ，配位数は大きくなり，一方，ピークは不明瞭になることもわかる。ここで注意すべきことは，この動径分布関数には六つの原子ペア（Fe-Fe，Fe-Si，Fe-B，Si-Si，Si-B，B-B）からの寄与が含まれていることである。その重みは組成比と原子散乱因子によって決まるため，この場合は Fe-Fe ペアの寄与が非常に大きいこと（80 ～ 90 % 程度）がわかる。

1.4.3　非晶質の局所構造

さて，実際の非晶質構造モデルを得るにはどのようにしたらよいだろうか。非晶質の場合，3 次元の逆空間での強度分布は等方的な球殻状になるため，上述したように，結晶とは違って 1 次元に焼き直したものしか意味を持たない。つまり，3 次元の原子配列を 1 次元情報から復元させて構造決定することは原理的に不可能である。しかし，測定された物質の密度をもとに 3 次元セルに原子を分布させ，実験から得られた構造因子や動径分布関数を満足するような妥当な構造モデルを組み立てることは可能である。ただし，得られるものは数多くの可能性のうちの一つであることに注意したい。

まず，構造が 1 種類の剛体球の充填で表せるような場合について考えてみる。溶融アルカリ金属や液化された希ガスなどがこれに相当する。非晶質金属もこれに近いと考えてよいが，通常サイズの異なる複数の原子種で構成されている。同種の剛体球で作られる最密充填構造は，1.1 節で示したように fcc 構造および hcp 構造である。その充填率は 0.740 5 であった。しかし，これらは空間を密に詰めることはできるが，結晶になる。結晶の並進対称性と両立しない稠密な構造としては，**正 20 面体**（icosahedron）構造が知られている。この構造は fcc 構造や hcp 構造と同じ 12 配位（13 原子）であるが，局所的な凝集エネルギーは低い。そのため，古くから液体や過冷却液体において正 20 面体構造が出現することが示唆されていた。

非晶質構造に正 20 面体構造が局所的にあるとしても，これがどのように空間全体を満たすのかは大きな問題である。そこで，同種の剛体球によって得られる最密不規則充塡に関する先駆的な研究がバナール（Bernal）らによってなされた。この研究では，実際に剛体球であるベアリングのボールを不規則かつ高密度に詰め込んで，その配置を注意深く調べたとのことである。その結果，不規則のまま最密に充塡した場合の充塡率は，およそ 0.64 であることが示された[16)]。

その後，計算機の発達とともに，**分子動力学法**（molecular dynamics method）や**モンテカルロ法**（Monte Carlo method）のような手法によって多くの構造モデリングがなされた。例えば，分子動力学法であれば，多数の原子・分子が従う古典力学の運動方程式を，ベルレ法などの差分法を使って数値的に解いていく。これらの手法では，原子間のポテンシャルを仮定し，原子間に働く力を計算しており，ポテンシャルとしては，2 体相関だけでなく 3 体あるいは多体相関の効果まで取り入れたものも提案されてきている。これにより，実際の非晶質材料から得られた動径分布関数を再現するような，より現実的な非晶質のモデリングが可能となった。

さらに，実験データのみから構造を再現することを目的に，**逆モンテカルロ法**（reverse Monte Carlo method）と呼ばれる構造モデリング手法が提案されている。まず物質の密度を満たすようセルに原子をランダムに配置する。その後，各原子に乱数で変位を与え，その都度，モデル構造から計算した動径分布関数あるいは構造因子を実験で得たものと比較し，判定関数の差が小さくなる変位に加え，大きくなる変位もある確率で採用することとする。これを繰り返して実験値を満たすような構造モデルが得られれば終了である。このモデリングではさまざまな束縛条件を加えることが可能であり，実際に起こりえない状況をうまく取り除くようにモデリングする必要がある。この手法は測定データを満たす構造モデルのうち，最もランダムなものを生成する性質があるため，特に不均一な物質への適用には注意が必要である。

上述のようになんらかの指導原理に従って，実験から得られる動径分布関数あるいは構造因子を満足するような構造モデルを得ることが可能である。構造モデルの妥当性に関する問題は残るが，ひとまずそれはよいとしても，このようなモデルは周期性のない3次元座標データの羅列であり，ここから非晶質構造の特徴を抽出する必要がある。その手法の一つとして，ここでは**ボロノイ多面体解析**（Voronoi polyhedral analysis）を紹介する。

ボロノイ多面体解析では空間を分割することで，各点（原子サイト）の占める領域を特徴づける。これは結晶でのウィグナー・ザイツセル（**図1.33**（a））に相当するものである。図（b）に2次元平面上に分布している点に対してボロノイ多面体に分割する様子を示す。各点から隣接する点に対し線分を引き，その線分に対して垂直2等分面を描くことによって囲まれてできる最小の多面体をボロノイ多面体という。また，図（c）には3次元における例を示しており，ボロノイ多面体は垂直2等分面に囲まれたものとなる。ボロノイ多面体はi角形面がn_i個あるとして特徴づけられるため，ボロノイ指数は$\langle n_3, n_4, n_5, n_6, \cdots\rangle$となり，配位数は$\sum_i n_i$である。例えば，結晶であるfcc構造およびbcc構造のボロノイ指数はそれぞれ$\langle 0, 12, 0, 0, 0, 0\rangle$（12配位）および$\langle 0, 6, 0, 8, 0, 0\rangle$（14配位）となる。一方，液体・過冷却液体や非晶質に存在するとされ

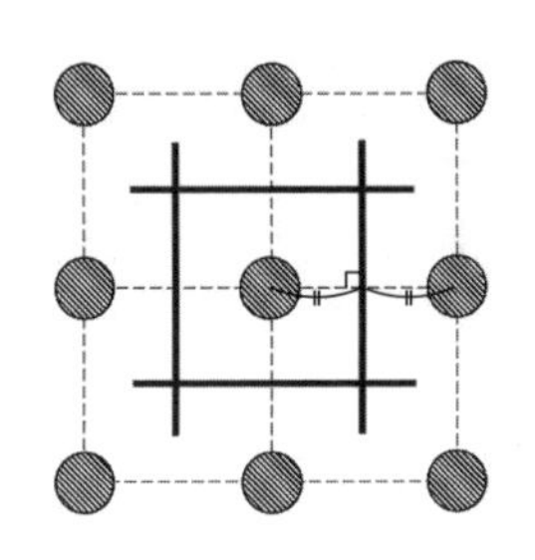

（a）ウィグナー・ザイツセル

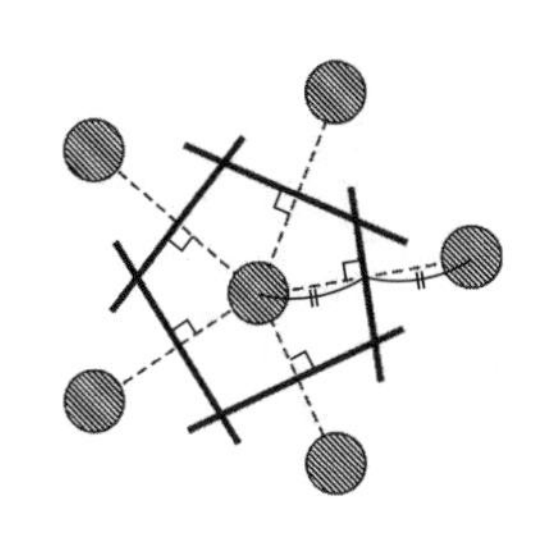

（b）2次元の場合のボロノイ多面体分割

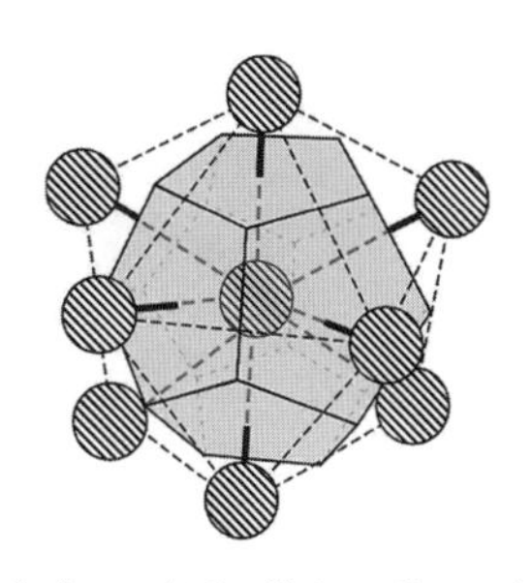

（c）3次元の場合のボロノイ多面体分割

図1.33　結晶および非晶質構造の分割法

ている上述した正20面体構造のボロノイ指数は⟨0, 0, 12, 0, 0, 0⟩（12配位）と表される。つまり，正20面体のボロノイ多面体は結晶の指数では見られなかった五角形面のみで構成されていることがわかる。

ここで，実際の非晶質構造モデルに対してボロノイ多面体解析した結果を見てみることにする。単元素系で非晶質金属は作製できないため，比較的原子半径差の小さいZr-Pt系の構造モデルに関する解析結果を**図1.34**に示す。正20面体構造に対応するボロノイ指数⟨0, 0, 12, 0, 0, 0⟩を持つ多面体が多く存在することがわかる。しかし，実際には多面体は大きくゆがんでおり，厳密に正20面体ではないことに注意したい。その他にも⟨0, 1, 10, 2, 0, 0⟩（13配位）や⟨0, 0, 12, 2, 0, 0⟩（14配位）など五角形面を多く含む多面体が多く存在することがボロノイ指数からわかる。

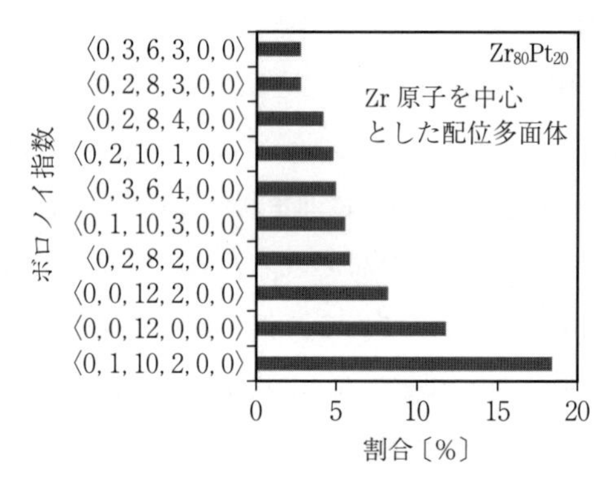

（a）　非晶質$Zr_{80}Pt_{20}$のボロノイ多面体解析結果

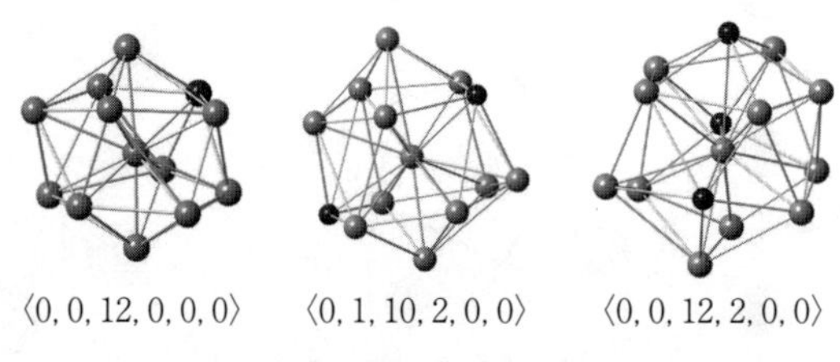

（b）　配位多面体の例

図1.34　非晶質$Zr_{80}Pt_{20}$のボロノイ多面体解析結果と配位多面体の例

1.4.4 準　結　晶

準結晶（quasicrystal）は結晶にも非晶質にも属さない第三の構造である。1984年にShechtmanらにより，液体から急冷したAl-Mn合金において初めて報告された。1.1節で述べたように5回回転対称性は並進対称性と両立しないため，結晶では許されないものであった。しかし，準結晶の回折図形を調べたところ，正20面体の対称性を持つことがわかり，結晶で許されない5回対称を示すのである。しかもその回折ピークは結晶同様，きわめてシャープなものであった（**図1.35**）。このように，それまでの常識から外れた物質であったため，多重双晶や巨大単位胞構造などの可能性が検討されたが，けっきょくそのようなものではなく，新しい秩序を持った構造であることが明らかとなった。準結晶は上述の正20面体準結晶と，1方向に周期性を示し，その周期軸と平行に10回軸，8回軸，12回軸を持つ正十角形，正八角形，正十二角形準結晶が見いだされている。一つ目は3次元準結晶，後の三つは2次元準結晶と呼ばれる。

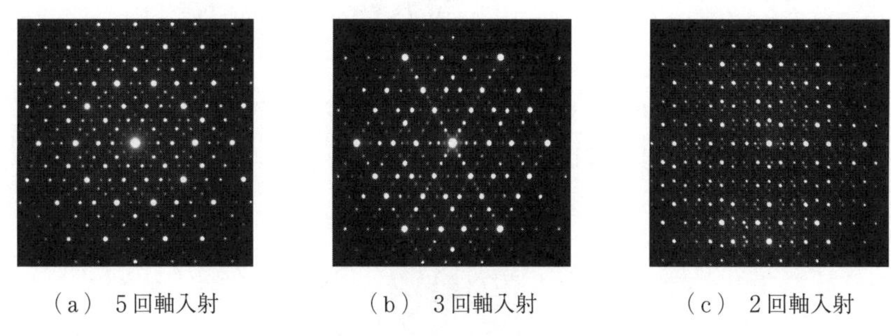

（a） 5回軸入射　（b） 3回軸入射　（c） 2回軸入射

図1.35　正20面体準結晶の電子回折図形（提供：小山泰正 教授，井上靖秀 博士（早稲田大学））

結晶の場合には，1.1節および1.2節で示したように空間格子を考え，空間格子の広がりが十分大きければ回折ピークはシャープになるのであった。準結晶の場合も回折ピークがシャープであるため，なんらかの空間格子を考えて，そこへ原子を配置すればよさそうである。実は準結晶が発見される以前に，ペンローズ（Penrose）によって5回回転対称性を持つようなタイル張りが考案されていた（**図 1.36**）。これを**ペンローズ格子**（Penrose lattice）と呼ぶ。ここで示しているペンローズ格子は 2 種類の異なる菱形がある規則（マッチングルール）に従ってつながり，平面を埋め尽くしている。ペンローズ格子を 72°（$=2\pi/5$）ずつ回転させた図を**図 1.37** に示すが，このような 5 回回転操作によっても図形全体が不変に保たれることがわかる。また，3 次元のペンローズ格子も存在し，これは正 20 面体対称性を示す。この場合，2 次元における菱形の代わりに，2 種類の菱面体によって空間が埋め尽くされている。これは結晶

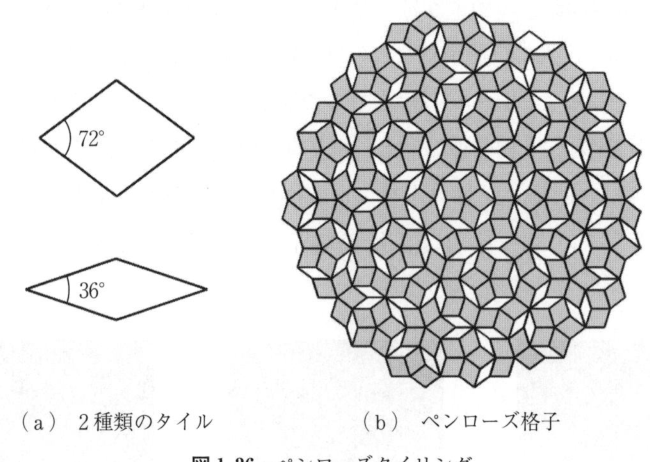

（a） 2 種類のタイル　　（b） ペンローズ格子

図 1.36　ペンローズタイリング

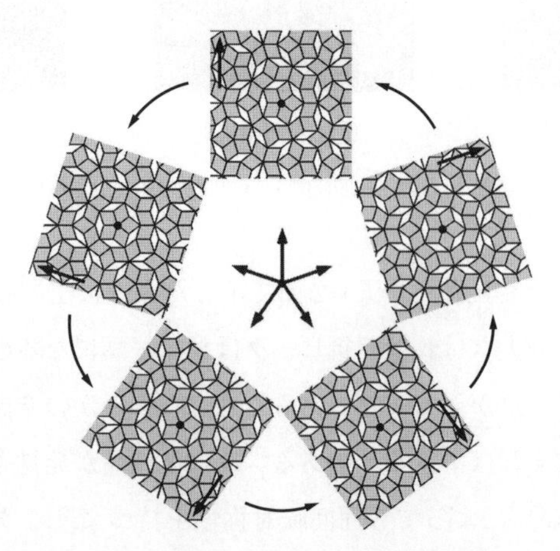

図 1.37　ペンローズ格子の 5 回回転対称性

のときに考えた空間格子に似ており, 3次元ペンローズ格子に原子集団を配置することで正20面体準結晶の構造モデルを作成することができそうである。

ここで簡単のため，2次元ペンローズ格子を用いて，ペンローズ格子が持つ自己相似性と呼ばれる性質について述べる。**図1.38**に示すように，ペンローズ格子は2種類の菱形のなかに，さらに小さい2種類の菱形を作ることによって生成することができる。このとき変換後の菱形の一辺はもとの$1/\tau$倍となっており，ここでτは$(1+\sqrt{5})/2=1.618\cdots$であり**黄金比**（golden ratio）と呼ばれるものである。さらに，同様な変換によって，より小さいスケールのペンローズ格子を作ることが可能である。この逆の操作によって，小さいものから大きいものを作ることも当然可能である。これらをインフレーションルールおよびデフレーションルールと呼ぶ。

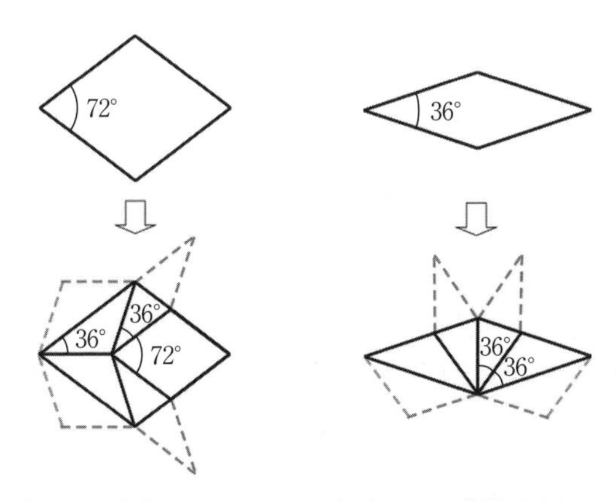

（a） 72°で特徴づけられる菱形タイルのインフレーションルール
（b） 36°で特徴づけられる菱形タイルのインフレーションルール

図1.38 ペンローズ格子のインフレーションルール

上述のように, ペンローズ格子は2種類の菱形（3次元では菱面体）をもとに作られているのであるが, 実はより高次元の空間での周期構造（結晶）を低次元に射影したものとしても捉えることができる。ここでは単純な1次元の場合について考える。1次元のペンローズ格子は**フィボナッチ格子**（Fibonacci lattice）と呼ばれており，これも2種類の長さの線分で構成されている。これらの長さの比も黄金比τである。長い方の線分を$\tau : 1$に分割する操作を繰り返すとフィボナッチ格子が得られる。**図1.39**に正方格子からの投影により得られるフィボナッチ格子を示す。横軸および縦軸に沿った1次元空間がそれぞれ，物理空間（実際に原子が並ぶ空間）および直交補空間（補助的な空間）である。図の2次元正方格子のx軸の物理空間の軸に対するなす角は$\tan\theta = 1/\tau$である。この角度もまた黄金比で表されることは興味深い。この2次元格子において，窓と呼ばれる線分で囲われた領域に入っている格子点のみを物理空間に投影することで，1次元ペンローズ格子であるフィボナッチ格子が得られることがわかる。

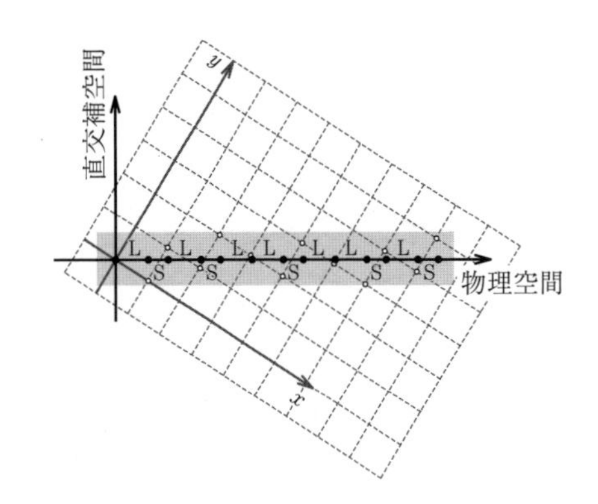

図1.39　2次元正方格子からの投影によるフィボナッチ格子の形成

さて，実際の準結晶の構造モデルを得るには，ペンローズ格子にどのような原子集団を置けばよいだろうか。準結晶の組成域近傍においてしばしば近似結晶と呼ばれる準結晶に類似した回折図形が得られる結晶が存在することが知られており，これが準結晶構造モデルを作る際のヒントとなると思われる。**図1.40**に近似結晶に含まれる原子クラスターの一例（マッカイ型巨大原子クラスター）を示す。これはAl-Si-Mn系準結晶の近傍に存在するα-AlMnSi近似結晶中に見られる54個の原子からなる原子クラスターであり（図（a）），Al/Siからなる第1殻（図（b）），Alからなる第2殻（図（c）），Mnからなる第3殻（図（d））により構成されており，全体として正20面体対称性を持っている。前述したように3次元のペンローズ格子もまた正20面体対称性

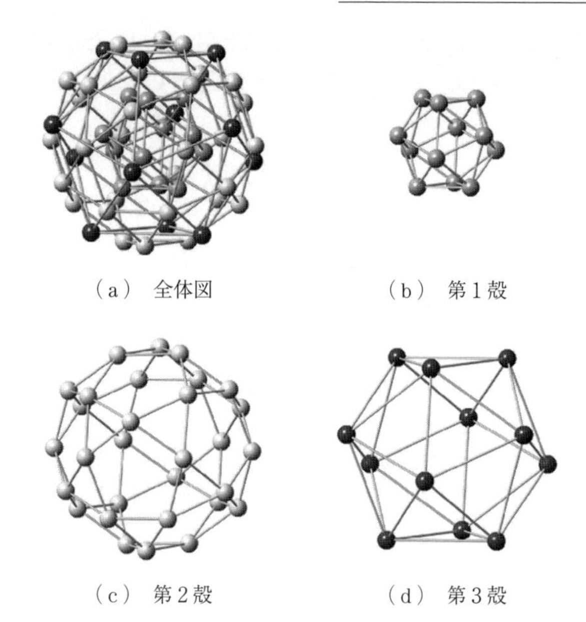

（a） 全体図　（b） 第1殻

（c） 第2殻　（d） 第3殻

図1.40　マッカイ型巨大原子クラスター

を持っているため，ペンローズ格子（特に12配位サイト）にこの種の原子クラスターを配置することにより，構造全体についても正20面体対称性を持つ準結晶モデルを作ることが可能であろう。また，原子クラスター間の隙間はなんらかの原子配列によって埋められていると思われる。構造モデルから得られた回折強度を実験と比較することで，モデルの妥当性を検証できるが，一般に3次元準結晶の構造を完全に明らかにすることは難しい。

章　末　問　題

【1.1】（1） 表1.1において，正方晶にC格子がない理由を説明せよ。
（2） 同様に，単斜晶にI格子がない理由を説明せよ。

【1.2】 立方格子における4，3，2回軸の数を求めよ。

【1.3】（1） bcc構造の消滅則を計算せよ。
（2） NaCl構造の消滅則を計算せよ。

【1.4】 ブラッグ条件（図1.19）での行路差 $2d_{hkl}\sin\theta$ を導出せよ。

【1.5】 図 1.21 において規則化にともない新たな反射が出現した。規則化以外の要因でも新たな反射が生じることがあるが，それは，例えばどのような場合であるか。

引用・参考文献

1) B.E. Warren：X-Ray Diffraction, Dover Publications（1990）
2) A. Guinier：X-Ray Diffraction: In Crystals, Imperfect Crystals, and Amorphous Bodies, Dover Publications（1994）
3) N.E. Cusack：The Physics of Structurally Disordered Matter: An Introduction, CRC Press（1987）
4) 犬井鉄郎，田辺行人，小野寺嘉孝：応用群論—群表現と物理学—，裳華房（1980）
5) 斎藤喜彦：化学結晶学入門—X 線結晶解析の基礎—，共立出版（1975）
6) 寺内　暉：物質の構造とゆらぎ—微視的マテリアルサイエンス入門—，丸善（1987）
7) 桜井敏雄：X 線結晶解析（物理化学選書），裳華房（1995）
8) 早稲田嘉夫，松原英一郎：X 線構造解析—原子の配列を決める—（材料学シリーズ），内田老鶴圃（1998）
9) 中井　泉，泉富士夫：粉末 X 線解析の実際，朝倉書店（2009）
10) D.S. Sivia（竹中章郎，藤井保彦 共訳）：X 線・中性子の散乱理論入門，森北出版（2014）
11) 幸田成康：改訂 金属物理学序論—構造欠陥を主にした—（標準金属工学講座 9），コロナ社（1973）
12) 前田康二，竹内　伸：結晶欠陥の物理，裳華房（2011）
13) 米沢富美子：物理学最前線〈19〉準結晶，共立出版（1988）
14) 平賀賢二：準結晶の不思議な構造—アルスの森を散歩して—，アグネ技術センター（2003）
15) 竹内　伸，枝川圭一：結晶・準結晶・アモルファス（材料学シリーズ），内田老鶴圃（2008）
16) J.D. Bernal and J. Mason：Co-ordination of Randomly Packed Spheres, *Nature*, **188**, pp.910–911（1960）

2 材料熱力学

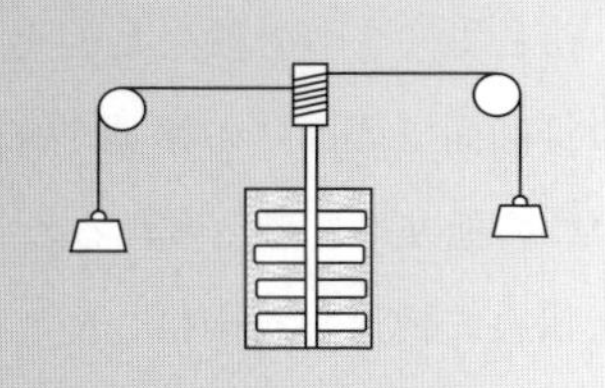

われわれは第1章において，材料が原子の集合体であることから出発して，材料の基本的な構造と原子配列の規則性について学んだ。材料のような多数粒子の集合体の巨視的な性質は，熱力学を用いることによって，個々の粒子の運動を記述することなく，少数の変数によって記述することができる。

2.1 熱力学の諸法則

熱力学では，ある平衡状態ともう一つの平衡状態との間の変化について考察することが基本になる。したがって，ここでは一見自明に思える「熱平衡状態」や「温度」について考察することから始め，熱力学の諸法則を解説することにする。

2.1.1 系と熱平衡状態

熱力学の考察対象となる巨視的な集団を**系**（system）といい，これは通常多数の粒子（原子や分子など）からなっている。ごく少数の粒子からなる系は熱力学の対象にならないので注意が必要である。系以外の部分すべてを**外界**（surroundings）と呼び，通常は一定の条件を持った環境として設定される。

系は，外界とまったく交渉を持たない**孤立系**（isolated system），物質の出入りがない**閉鎖系**（closed system），物質の出入りがある**開放系**（open system）の三つに分類することができる。一つの孤立系はどのような初期状態にあっても，やがてある終局的な状態に到達する。これを**熱平衡状態**（thermal equilibrium state）と呼ぶ。

ここで，二つの孤立系AとBを考えてみよう。いまAとBを接触させ，その接触面でのみ熱の移動が許されるとしよう。接触させたAとBは，全体で一つの孤立系と考えられるので，やがて終局的な熱平衡状態に到達する。熱平衡状態に到達した後に，AとBを切り離してもAとBは変化しないと考えられる。さらに，再びAとBを接触させたとしても，なんら変化は生じないであろう。以上の考察から，自身が熱平衡状態にある二つの孤立系AとBを接触させたとき，なんの変化も起きないのであれば，AとBは離れていても熱平衡状態にあるということができる。

2.1.2　熱力学第0法則と温度の存在定理

AとBの熱平衡をA～Bで表すとき，異なる物体（系）間の熱平衡について，つぎの推移律が成り立つ。

$$A \sim B \quad \text{かつ} \quad B \sim C \ \rightarrow \ A \sim C \tag{2.1}$$

これを**熱力学第0法則**（zeroth law of thermodynamics）と呼ぶ。

さて，ここで温度について考察してみよう。われわれの身近にはさまざまな温度計が存在しているので，われわれは温度の概念を自然に受け入れている。しかし，**表2.1**に示したように，温度計はいずれも温度という物理量を直接測定しているわけではなく，別の物理量を測定してそこから温度を求めているのである。ここでは，温度の物理的な意味を明らかにするため，以下のようにして温度の存在を証明してみよう（「温度の存在定理」である[1]）。

表2.1　さまざまな温度計と直接測定する物理量

温度計の名称	直接測定する物理量
アルコール温度計	アルコールの体積
白金温度計	白金線の電気抵抗
サーミスタ	セラミックスの電気抵抗
熱電対	熱起電力（電圧）
放射温度計	赤外線や可視光の強度

いま「熱平衡状態にある純粋流体の圧力とモル体積[†] は一意的に定まる」ことが経験的に認められているとする。圧力を P，モル体積を v としたとき，A ～ B は式 (2.2) で表される。

$$F_1(P_A, v_A, P_B, v_B) = 0 \tag{2.2}$$

同様にして，B ～ C，C ～ A については，式 (2.3)，(2.4) で表される。

$$F_2(P_B, v_B, P_C, v_C) = 0 \tag{2.3}$$

$$F_3(P_A, v_A, P_C, v_C) = 0 \tag{2.4}$$

関数 F_1，F_2 がそれぞれ P_B について解ければ，式 (2.2)，(2.3) より

$$P_B = f_1(P_A, v_A, v_B) = f_2(v_B, P_C, v_C) \tag{2.5}$$

となる。ここで，熱力学第 0 法則から，式 (2.5) は式 (2.4) と等価なので，式 (2.5) は v_B の値にかかわらず成立しなくてはならない。したがって

$$f_1(P_A, v_A, v_B) = \eta(v_B) g_A(P_A, v_A) + \zeta(v_B) \tag{2.6}$$

$$f_2(v_B, P_C, v_C) = \eta(v_B) g_C(P_C, v_C) + \zeta(v_B) \tag{2.7}$$

となる。さらに，式 (2.5)～(2.7) より

$$g_A(P_A, v_A) = g_C(P_C, v_C) \tag{2.8}$$

となる。ここで

$$\theta_A = g_A(p_A, v_A), \qquad \theta_C = g_C(p_C, v_C) \tag{2.9}$$

とおけば，熱平衡 A ～ C は

$$\theta_A = \theta_C \tag{2.10}$$

と表すことができる。すなわち θ は温度であり，温度とは熱平衡を規定する物理量であることがわかる。式 (2.9) は，温度と圧力，モル体積の三つの物理量の間に関係式が存在することを示している。この関係式のことを**状態方程式**（equation of state）と呼ぶ。

2.1.3 状態方程式

熱力学の理論では，式 (2.9) で表される状態方程式の存在を予言するのみ

† 物質 1 モル当りの体積であり，その逆数はモル密度になる。

で，その具体的な形を示すことはできない。ここでは，実際に用いられているいくつかの状態方程式について解説する。

理想気体（ideal gas）と呼ばれる気体は，状態方程式（2.11）に従う。

$$Pv = RT \tag{2.11}$$

ここで，T は熱力学温度（詳細は 2.1.8 項を参照），R は**ガス定数**（gas constant）であり，圧力の単位を Pa，v の単位を $m^3 \cdot mol^{-1}$ とすると，$R = 8.3145\ J \cdot mol^{-1} \cdot K^{-1}$ となる。理想気体では，分子自身の体積が無視できるほど小さく，分子間の相互作用が存在しないものと考える。このため，理想気体の内部エネルギーは温度のみに依存し，圧力や体積によらない。

実在気体では，分子体積や分子間相互作用が存在するので，高温または低圧では理想気体に近づくものの，通常の温度・圧力のもとでは，式（2.11）に従うとは限らない。そこで，実在気体を記述する状態方程式が提案されている。

理想気体の状態方程式をモル密度（モル体積の逆数）のべき乗に展開すると式（2.12）が得られる。

$$Pv = RT\left(1 + \frac{B}{v} + \frac{C}{v^2} + \frac{D}{v^3} + \cdots\right) \tag{2.12}$$

これを**ビリアル展開**（virial expansion）と呼び，B，C，…を第 2，第 3 ビリアル係数という。

ファン・デル・ワールスの状態方程式（Van der Waals equation）は　式（2.13）で与えられる。

$$Pv = \frac{RT}{v - b} - \frac{a}{v^2} \tag{2.13}$$

ここで，a，b はそれぞれ分子間相互作用と分子体積を考慮したパラメータである。

2.1.4　熱力学第 1 法則

系の内部に存在するエネルギーを**内部エネルギー**（internal energy）と呼び，記号 U で表す。内部エネルギーは系を構成する粒子の運動や相互作用などのエネルギーの総和であり，系自身の運動エネルギーや位置エネルギーは含まない。

図 2.1 に示すように，外界から系に流入する熱を q，系が外界に対してなす仕事を w としたとき，ある平衡状態（以降「状態」という）から別の状態に変化したときの閉鎖系の内部エネルギー変化 ΔU は，式 (2.14) で表される。

$$\Delta U = q - w \tag{2.14}$$

これを**熱力学第 1 法則**（first law of thermodynamics）と呼ぶ。系に流入した熱エネルギーと系が外界になした仕事の差が，消滅も生成もせずにすべて系の内部に蓄えられることを示している。

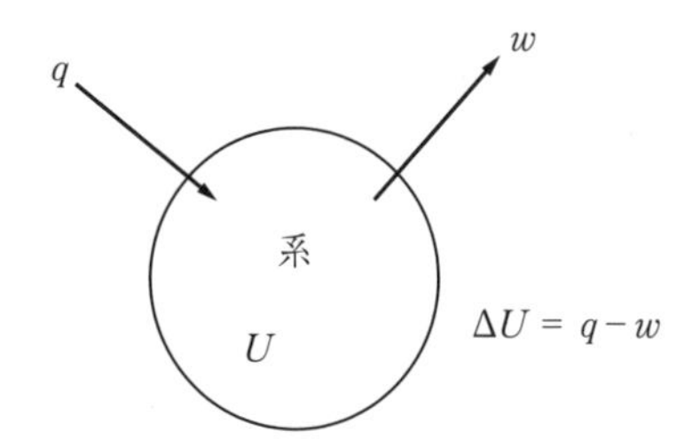

図 2.1　熱力学第 1 法則

ここで，解析学を適用できるように，微小変化量 Δx を dx と表すことにする（本来 dx は無限小を表している）。式 (2.14) の微小変化を考えると

$$dU = d'q - d'w \tag{2.15}$$

となる。d は**完全微分**（exact differential）と呼ばれ，その積分値は積分経路によらないという性質を持つ。一方，q と w の値は積分経路によって異なるので，d の代わりに d' を用いた（不完全微分と呼んでいる本もある）。式 (2.15) は U が系の変化の経路によらず，系の熱平衡状態に応じて定まった値をとる量であることを示している。このような量を**状態量**（state property）という。

状態 1 から状態 2 への変化にともなう内部エネルギーの変化は，その経路によらないので，状態 2 と状態 1 の内部エネルギー差で与えられ，式 (2.16) のようになる。

$$\Delta U = \int_1^2 dU = U_2 - U_1 \tag{2.16}$$

熱力学では，内部エネルギーの絶対値が 0 の状態を定めることができないので，式 (2.16) より，内部エネルギーは相対的な量として表されることがわかる。

また，状態 1 →状態 2 →状態 1 のような**循環過程**（cyclic process）においては，内部エネルギーは変化しないので

$$\oint dU=0 \tag{2.17}$$

となる。式 (2.17) は，U が完全微分であるための必要十分条件でもある。

最後に，式（2.14）に戻って，熱と仕事の関係について考えてみよう。$q=0$，すなわち**断熱過程**（adiabatic process）では，$\Delta U=-w$ である。また，同様の変化が $w=0$ なる過程で生じるならば，$\Delta U=q$ であるから，熱量 q を仕事 w で測ることができる。したがって，熱量は仕事の単位で表すことができ，これを**熱の仕事当量**（mechanical equivalent of heat）といい，1 cal＝4.184 J である。

2.1.5　エンタルピーと比熱

圧力 P の外界のもとでの，系の体積変化にともなう機械的な仕事を考えると

$$d'w=PdV \tag{2.18}$$

となる。状態 1 から 2 の間に外界にする仕事は

$$w=\int_1^2 PdV \tag{2.19}$$

となり，式 (2.18) を熱力学第 1 法則の微分形である式 (2.15) に代入すると，式 (2.20) が得られる。

$$dU=d'q-PdV \tag{2.20}$$

系の体積が一定の場合には，$dV=0$ であるので，式 (2.20) より

$$dU=d'q \tag{2.21}$$

となる。すなわち**等積変化**（isochoric change）では，系の内部エネルギー変化は系に流入した熱に等しい。

系の圧力が一定の場合には，式 (2.22) で定義される**エンタルピー**（enthalpy）

Hを導入する。

$$H=U+PV \tag{2.22}$$

式 (2.22) の右辺はすべて状態量であるから，エンタルピーHもまた状態量であり，Uを含むことから，相対的な量として表されることがわかる。

式 (2.22) を微分して，圧力一定の条件（$dP=0$）を代入すると，式 (2.20) より式 (2.23) が得られる。

$$dH=dU+PdV=d'q \tag{2.23}$$

すなわち，**等圧変化**（isobaric change）では，系のエンタルピー変化は系に流入した熱に等しい。

ある物質の温度を 1 K 上昇させるために系に加える熱の単位物質量当りの値を**比熱**（heat capacity）といい，通常 1 モル当りの値を用いる。

定積比熱 C_v は，式 (2.21) を用いて式 (2.24) で，また，定圧比熱 C_P は式 (2.23) を用いて式 (2.25) で定義される。ここで，U，Hはそれぞれ 1 モル当りの量である。

$$C_v=\left(\frac{\partial U}{\partial T}\right)_v \tag{2.24}$$

$$C_P=\left(\frac{\partial H}{\partial T}\right)_P \tag{2.25}$$

理想気体では，式 (2.26) の**マイヤーの関係式**（Mayer's relation）が成り立つ。

$$C_P=C_v+R \tag{2.26}$$

また，気体分子運動論を用いて，理想気体の定積比熱は，単原子分子では $C_v=3/2R$，2 原子分子では $C_v=5/2R$，多原子分子では $C_v=3R$ と求められている。

実在気体や液体・固体に関して，1 atm 下における定圧比熱がデータ集にまとめられており，多くの場合，式 (2.27) のような温度 T の関数として与えられている。代表的な物質の定圧比熱を**付表 1**（付表は巻末の付録に掲載）に示した。

$$C_P = a + bT + cT^{-2} \tag{2.27}$$

なお，本書では，物質の状態を $O_2(g)$，$H_2O(l)$，$Si(s)$ のように，化学式の右に括弧付きで表示している。ここで，g は気体，l は液体，s は固体である。

2.1.6　膨 張 と 圧 縮

純物質のモル体積 v は状態方程式を用いて，温度と圧力の関数 $v(T, P)$ として表すことができる。v を T と P とで全微分すると

$$dv = \left(\frac{\partial v}{\partial T}\right)_P dT + \left(\frac{\partial v}{\partial P}\right)_T dP \tag{2.28}$$

となる。式 (2.28) の右辺の二つの偏微分係数から，以下の二つの物性値が求められる。

一定圧力下で物質の体積が温度によって変化する割合を表す，**体膨張率**（volume expansivity）β は，式 (2.29) で与えられる。

$$\beta = \frac{1}{v}\left(\frac{\partial v}{\partial T}\right)_P \tag{2.29}$$

また，等温下で物質の体積が圧力によって変化する割合を表す**等温圧縮率**（isothermal compressibility）κ は，式 (2.30) で与えられる。

$$\kappa = -\frac{1}{v}\left(\frac{\partial v}{\partial P}\right)_T \tag{2.30}$$

これらを式 (2.28) に代入すると，式 (2.31) が得られる。β と κ の値はデータ集によって求めることができるので，凝縮系の物質では，この式を状態方程式の代わりに用いることができる。

$$\frac{dv}{v} = \beta dT - \kappa dP \tag{2.31}$$

ここで，1 モルの理想気体の**断熱変化**（adiabatic change）を考える。式 (2.20)，(2.24) より，式 (2.32) となる。

$$d'q = dU + Pdv = C_v dT + Pdv \tag{2.32}$$

理想気体の状態方程式を代入し，断熱変化より $d'q = 0$ とすると

$$C_v\left(\frac{dT}{T}\right)+R\left(\frac{dv}{v}\right)=0 \tag{2.33}$$

となる。積分して

$$C_v \ln T + R \ln v = \text{const.} \tag{2.34}$$

となる。式(2.26)を用い，$\gamma = C_P / C_v$（比熱比）とおいて整理すると

$$(T^{C_v} v^{C_P - C_v})^{1/C_v} = Tv^{\gamma-1} = \text{const.} \tag{2.35}$$

または

$$Pv^{\gamma} = \text{const.} \tag{2.36}$$

となり，これを**ポアソンの式**（Poisson's relation）という（モル体積 v を体積 V に変えても成り立つ）。式(2.35)より，理想気体の断熱膨張にともなって，温度は低下することがわかる。これは理想気体が膨張によって外界に機械的仕事を行うので，その分だけ内部エネルギーが減少するためである†。反対に断熱圧縮の場合，外界から気体に機械的仕事が加えられ，気体の内部エネルギーが増加するので，温度は上昇する。

2.1.7 熱力学第2法則

熱力学第1法則が，熱と仕事の等価性を主張しているのに対して，**熱力学第2法則**（second law of thermodynamics）は熱と仕事の変換における不可逆性について述べており，その代表的な表現には以下の二つがある。

(1) **トムソンの原理**（Thomson's principle）：熱をなんの償却もなしに仕事に変換することは，自然の過程では起こらない。

(2) **クラウジウスの原理**（Clausius' principle）：外部になんら変化を残さずに熱を低温部から高温部に移すことは不可能である。

二つの原理が同値であることは，後述するカルノーサイクルを用いて証明することができる（章末問題【2.1】を参照）。

† 真空中での断熱膨張（断熱自由膨張）では機械的仕事が0となるので，温度は変化しない。これはゲイリュサック・ジュール（Gay-Lussac・Joule）の実験として知られている。

熱力学第2法則をより抽象化した以下の表現もある（公理論的熱力学と呼ばれる。最近の研究は本章末の文献2）を参照)。

●**カラテオドリーの原理**（Caratheodory's principle）：任意に選んだ点から，**可逆**（reversible）たると**不可逆**（irreversible）たるとを問わず，一回の断熱過程によって到達しえない有限の領域が存在する。

2.1.8　カルノーサイクルと熱力学温度

カルノー（Carnot）は，水の高低差を用いて仕事を得る水力機関をモデルに，高温熱源と低温熱源の間で作動する**熱機関**（thermal engine）を提案した。この機関では，作業流体の状態を，① 等温膨張→ ② 断熱膨張→ ③ 等温圧縮→ ④ 断熱圧縮によって変化させる一連のサイクル（循環過程）が行われる。これを**カルノーサイクル**（Carnot cycle）と呼び，すべての過程が可逆的に行われる場合には可逆カルノーサイクルと呼ぶ。

図 2.2 は，温度 T_1 の高温熱源と温度 T_2 の低温熱源の間で働く熱機関Eを模式的に示したものである。熱機関は高温熱源から q_1 の熱を受け取り，外界に w の仕事をして低温熱源に q_2 の熱を移す。このとき，熱機関の効率を η とすると，熱力学第1法則から $q_1 - q_2 = w$ なので，η は式 (2.37) で求めることができる。

$$\eta = \frac{w}{q_1} = 1 - \frac{q_2}{q_1} \tag{2.37}$$

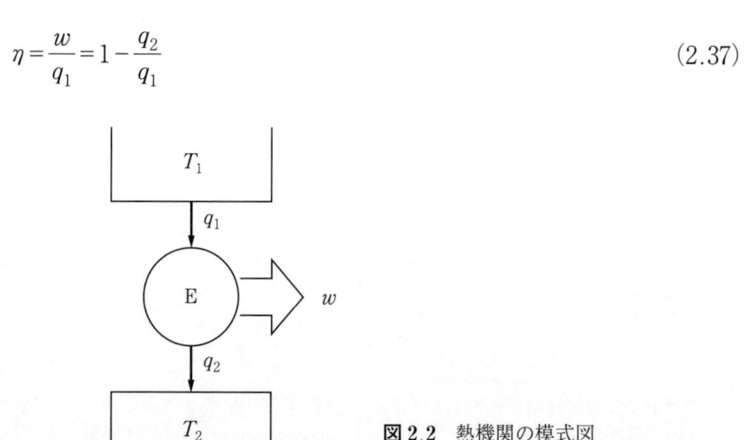

図 2.2　熱機関の模式図

図 2.3 は，理想気体を作業物質とした可逆カルノーサイクルを，P-T 平面に表示したものであり，**図 2.4** に示した以下の四つの可逆過程からなっている。

① A → B：温度 T_1 の高温熱源から q_1 の熱を受け取り，温度 T_1 で等温膨張が行われる。この過程における作業物質の内部エネルギー変化は第 1 法則より

$$\Delta U = q_1 - w_{\mathrm{AB}} = q_1 - \int_A^B P dV = q_1 - \int_A^B \frac{RT_1}{V} dV$$

$$= q_1 - RT_1 \ln \frac{V_{\mathrm{B}}}{V_{\mathrm{A}}} \tag{2.38}$$

となる。理想気体の内部エネルギーは温度のみの関数なので，等温変化では $\Delta U = 0$ であるから，式 (2.39) を得る。

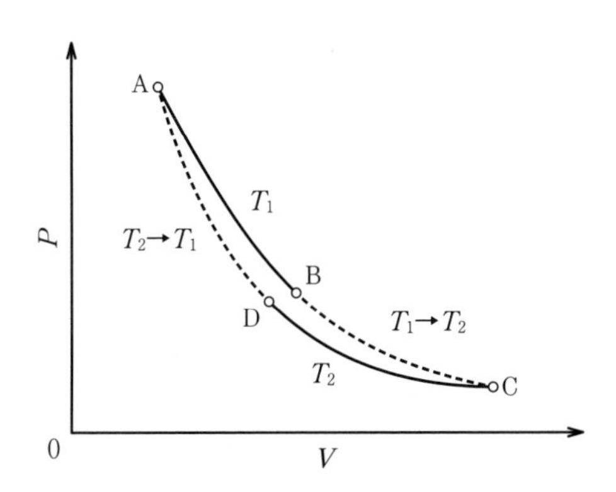

図 2.3 理想気体の可逆カルノーサイクル

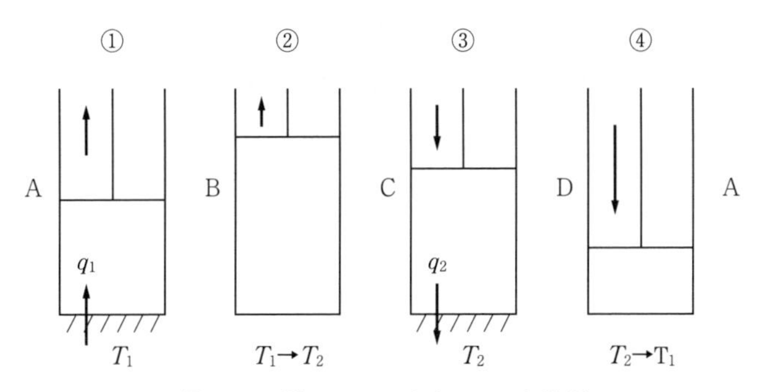

図 2.4 可逆カルノーサイクルの各過程

$$q_1 = RT_1 \ln \frac{V_B}{V_A} \tag{2.39}$$

② B → C：断熱膨張が行われ，温度は $T_1 \to T_2$ に低下する。断熱変化なので，式 (2.35) より，式 (2.40) が得られる。

$$T_1 V_B^{\gamma-1} = T_2 V_C^{\gamma-1} \tag{2.40}$$

③ C → D：温度 T_2 の低温熱源に q_2 の熱を放出し，T_2 で等温圧縮が行われる。カルノー機関から低温熱源に出る向きを正にとれば，式 (2.39) と同様にして，符号に注意すると式 (2.41) が得られる。

$$q_2 = RT_2 \ln \frac{V_C}{V_D} \tag{2.41}$$

④ D → A：断熱圧縮が行われ，温度は $T_2 \to T_1$ に上昇して状態 A に戻る。式 (2.40) と同様にして，式 (2.42) が得られる。

$$T_2 V_D^{\gamma-1} = T_1 V_A^{\gamma-1} \tag{2.42}$$

式 (2.39) を式 (2.41) で除すると

$$\frac{q_2}{q_1} = \frac{RT_2 \ln \dfrac{V_C}{V_D}}{RT_1 \ln \dfrac{V_B}{V_A}} \tag{2.43}$$

となる。ここで，式 (2.40)，(2.42) から，$V_B / V_A = V_C / V_D$ なので，式 (2.44) となる。

$$\frac{q_2}{q_1} = \frac{T_2}{T_1} \tag{2.44}$$

これを式 (2.37) に代入すると，式 (2.45) となり，可逆カルノー機関の効率 η_C は，高温熱源と低温熱源の温度のみによって決定されることがわかる。

$$\eta_C = 1 - \frac{q_2}{q_1} = 1 - \frac{T_2}{T_1} \tag{2.45}$$

カルノーの原理（Carnot's principle）によれば，「可逆カルノー機関で作動する熱機関は最大の効率を持つ」ので，式 (2.46) のように一般の熱機関の効率 η は η_C を超えることはない。

$$\eta \leq \eta_C \tag{2.46}$$

ここで，低温熱源の温度 $T_2=0$ とおくと，式(2.45)より $\eta_C=1$ となることがわかる。すなわち，「可逆カルノー機関の効率がつねに1になる低温熱源の温度を0と定める」ことができる。このようにして定められた温度を**熱力学温度**（thermodynamic temperature）と呼ぶ。さらに，水の三重点（3.1.4項を参照）の温度を273.16と定めると，**熱力学温度目盛り**（thermodynamic temperature scale）として，**ケルビン**（Kelvin）〔K〕を定めることができる†。

2.1.9 クラウジウスの不等式

系がある循環過程を行い，温度 T_1，T_2，…，T_n の n 個の熱源と接触して，q_1，q_2，…，q_n の熱の受け渡しを行うことを考えよう（熱は系に入る方向を正とする）。このとき，各熱源 T_i は可逆カルノー機関 C_i を介して共通熱源（温度 T_0）から熱 q_i を受け取るものとすると，**図2.5**に示すような複合系を構築することができる3)。複合系では，各熱源が交換する熱はすべて0であるので，共通熱源と系の間の熱の交換のみを考えればよい。この複合系全体について，

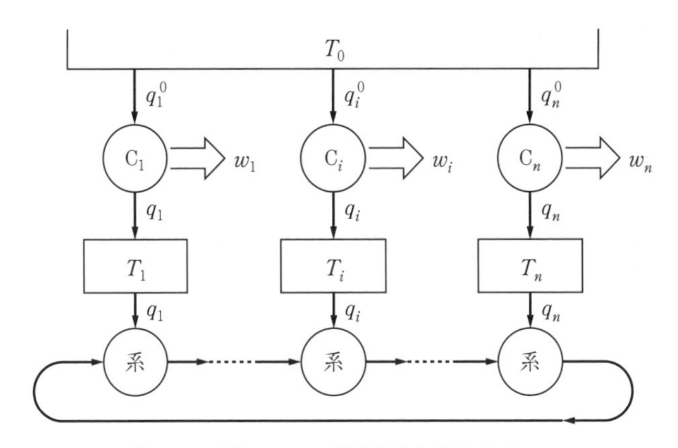

図2.5 可逆カルノー機関を含む複合サイクル

† 2019年5月に〔K〕の定義が「ボルツマン定数 k を単位〔J·K^{-1}〕で表したときに，その数値を $1.380\,649\times10^{-23}$ と定めることによって定義される」と変更された。

考察を加えてみよう。

共通熱源がカルノー機関 C_i に供給する熱を q_i^0 とすると

$$q_i^0=\frac{T_0}{T_i}q_i \tag{2.47}$$

となる。共通熱源が1サイクルで失う熱 q^0 は，式 (2.48) で求められ，これは系と可逆カルノー機関を含めた複合系が共通熱源から q^0 の熱を受け取ったことを表している。

$$q^0=\sum_{i=1}^{n}q_i^0=T_0\sum_{i=1}^{n}\frac{q_i}{T_i} \tag{2.48}$$

循環過程においては，系が受け取った熱は系が外界に対して行った仕事に等しいので，$q^0>0$ であれば，共通熱源から得た熱をなんの償却もなしに仕事に変換したことになり，熱力学第2法則（トムソンの原理）に反する。したがって，式 (2.49) のように，$q^0\leq 0$ でなくてはならない。

$$\sum_{i=1}^{n}\frac{q_i}{T_i}\leq 0 \tag{2.49}$$

すべての過程が可逆であれば，サイクルをまったく同じ過程を通って逆向きに行うことができるので

$$\sum_{i=1}^{n}\frac{q_i}{T_i}\geq 0 \tag{2.50}$$

となる。したがって，可逆サイクルでは式 (2.51) となる。

$$\sum_{i=1}^{n}\frac{q_i}{T_i}=0 \tag{2.51}$$

和を積分に書き換えると，**クラウジウスの不等式**（Clausius inequality）（式 (2.52)）を得る。

$$\oint\frac{d'q}{T}\leq 0 \qquad (\text{等号は可逆サイクル}) \tag{2.52}$$

2.1.10　エントロピーとその性質

式 (2.52) より，可逆サイクルでは式 (2.53) が成り立つ（添え字 rev. は，可逆過程の意味である）。これは，$d'q/T$ が完全微分であるための必要十分条

件でもある。

$$\oint \frac{d'q}{T}_{(\mathrm{rev.})}=0 \tag{2.53}$$

したがって，ある無限小可逆過程を考えると，**エントロピー**（entropy）Sを式 (2.54) のように定義することができる。

$$dS=\frac{d'q}{T}_{(\mathrm{rev.})} \tag{2.54}$$

dSは完全微分であるので，Sは状態量であり，状態Aから状態Bまでのエントロピー変化ΔSは，可逆な積分経路を選ぶことによって，式 (2.55) より求めることができる。

$$\Delta S=S(\mathrm{B})-S(\mathrm{A})=\int_A^B \frac{d'q}{T}_{(\mathrm{rev.})} \tag{2.55}$$

ここで，**図 2.6** のような不可逆過程Ⅰ：A→Bと，可逆過程Ⅱ：B→Aの二つの過程からなる循環過程，A→B→Aを考えよう。この循環過程は不可逆サイクルなので，クラウジウスの不等式より，式 (2.56) が得られる。

$$\oint \frac{d'q}{T}=\int_A^B \frac{d'q}{T}_{(\mathrm{I})}+\int_B^A \frac{d'q}{T}_{(\mathrm{II})}<0 \tag{2.56}$$

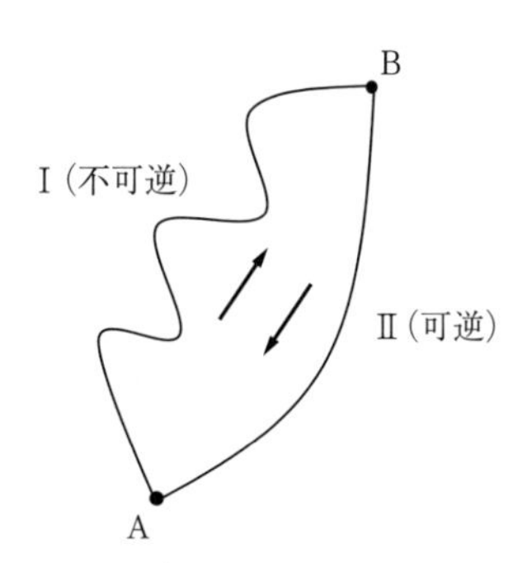

図 2.6 不可逆過程Ⅰと可逆過程Ⅱからなる不可逆サイクル

過程Ⅱは可逆なので，式 (2.55) を代入して変形すると

$$S(\mathrm{B})-S(\mathrm{A})>\int_A^B \frac{d'q}{T}_{(\mathrm{I})} \tag{2.57}$$

となり，したがって，状態Aから状態Bへの任意の過程に対して

$$S(\mathrm{B})-S(\mathrm{A})\geq\int_A^B\frac{d'q}{T}\qquad(\text{等号は可逆過程})\tag{2.58}$$

となる。孤立系では $d'q=0$ なので

$$S(\mathrm{B})\geq S(\mathrm{A})\qquad(\text{等号は可逆過程})\tag{2.59}$$

となる。式 (2.59) は，エントロピーは最大の状態に向かって変化すること，すなわちエントロピー増大則を示している†。

式 (2.58) を微分形で表すと，式 (2.60) となる。

$$dS\geq\frac{d'q}{T}\qquad(\text{等号は可逆変化})\tag{2.60}$$

この式は，熱力学第2法則の数学的表現でもある。

2.1.11　熱力学第3法則

ネルンスト（Nernst）は，「完全な結晶性固体の間で起こる可逆反応のエントロピー増加は，絶対零度で0になる」という**ネルンストの熱定理**（Nernst heat theorem）を提唱した。これは，可逆反応のギブスエネルギー変化が $T\to0$ にともなって，反応のエンタルピー変化と漸近的に等しくなるという実験結果に基づいている。

さらにこれを進めて，プランクは「すべての完全な結晶性固体のエントロピーは，絶対零度で0になる」という**熱力学第3法則**（third law of thermodynamics）を提唱した。この法則はまた「いかなる系の温度も絶対零度まで下げることはできない」ことを意味している。

2.1.12　統計力学的エントロピー

統計力学的エントロピー（statistical entropy）S' がボルツマン（Boltzmann）によって，式 (2.61) で定義されている。統計力学的エントロピー S' が熱力学エントロピー S に等しいことは証明されており，k はボルツマン定数，W は

† 孤立系に関する記述であることに注意されたい。クラウジウスは，エントロピー増大則を “Die Entropie der Weld strebt einem Maximum zu.” と述べている。また，熱力学第1法則について，”Die Energie der Welt ist constant.” とも述べている。

熱力学重率（与えられた熱力学的条件のもとでとりうる場合の数）である。

$$S' = k \ln W \tag{2.61}$$

完全な結晶性固体では，絶対零度において $W=1$ となるので，$S'=0$ となる。

2.2 熱 力 学 関 数

いままでに解説した熱力学の諸法則に基づいて，さまざまな熱力学関数を導入することができる。

2.2.1 エンタルピー・エントロピーの計算

材料科学の対象となる現象や実験の多くは，等圧下で進むので，等圧変化における熱力学量を求めることは重要である。

等圧下で温度 T_1 から T_2 まで変化した場合のエンタルピー変化 ΔH は式 (2.25) より式 (2.62) で与えられる。

$$\Delta H = \int_{T_1}^{T_2} C_P dT \tag{2.62}$$

もし T_1 と T_2 の間の温度 T_t で，物質に相変態（3.1.3 項を参照）が生じる場合，相 1 から 2 への相変態にともなうエンタルピー変化を ΔH_t，各相の定圧比熱を $C_P^{(1)}$，$C_P^{(2)}$ とすれば，ΔH は式 (2.63) で求めることができる。

$$\Delta H = \int_{T_1}^{T_t} C_P^{(1)} dT + \Delta H_t + \int_{T_t}^{T_2} C_P^{(2)} dT \tag{2.63}$$

また，等圧下におけるエントロピー変化 ΔS も，定圧比熱を用いて同様に計算することができる。すなわち，式 (2.23)，(2.25) を式 (2.55) に代入すると，式 (2.64) となる。

$$\Delta S = \int_{T_1}^{T_2} \frac{C_P}{T} dT \tag{2.64}$$

温度 T_t で相変態が生ずる場合，変態のエントロピー変化 ΔS_t は式 (2.65) で与えられるので，式 (2.66) を用いて ΔS を計算することができる。

$$\Delta S_t = \frac{\Delta H_t}{T_t} \tag{2.65}$$

$$\Delta S = \int_{T_1}^{T_t} \frac{C_P^{(1)}}{T} dT + \frac{\Delta H_t}{T_t} + \int_{T_t}^{T_2} \frac{C_P^{(2)}}{T} dT \tag{2.66}$$

2.2.2　ヘルムホルツエネルギーとギブスエネルギー

一定温度 T の熱源（外界）と熱的に接触している閉鎖系について考察してみよう。系の状態が A から B に変化したときのエントロピー変化は，式 (2.58) で与えられる。熱源は一つで温度 T は一定なので，式 (2.67) が得られる。

$$\Delta S \geq \int_A^B \frac{d'q}{T} = \frac{1}{T}\int_A^B d'q = \frac{q}{T} \qquad \text{（等号は可逆過程）} \tag{2.67}$$

式 (2.67) は過程 A → B 間に吸収した熱量 q の上限を定めている。

熱力学第 1 法則，$\Delta U = q - w$ を代入して整理すると，式 (2.68) のようになる。

$$-\{U(\mathrm{B}) - U(\mathrm{A})\} + T\{S(\mathrm{B}) - S(\mathrm{A})\} \geq w \qquad \text{（等号は可逆過程）} \tag{2.68}$$

式 (2.68) は，過程 A → B 間に一定温度 T の熱源から取り出すことのできる仕事 w の上限を与える式である。

ここで，**ヘルムホルツエネルギー**（Helmholtz energy）F を式 (2.69) のように定義する。

$$F = U - TS \tag{2.69}$$

状態 A と B の温度がいずれも T に等しいとした場合，式 (2.68) は式 (2.70) のように書き換えられる。

$$-\Delta F = -\{F(\mathrm{B}) - F(\mathrm{A})\} \geq w \qquad \text{（等号は可逆過程）} \tag{2.70}$$

式 (2.70) より，過程 A → B 間に系が行う仕事の上限は，系のヘルムホルツエネルギーの減少分に等しいことがわかる。すなわち ΔF は系から等温下で取り出すことのできる最大仕事であるといえる。このため F は，**自由エネルギー**（free energy）とも呼ばれている。

系のする仕事 w が，体積変化にともなう機械的仕事 PdV のみの場合，等積変化では $dV = 0$ より $w = 0$ なので，式 (2.70) から

$$\Delta F \leq 0 \qquad (\text{等号は可逆過程}) \tag{2.71}$$

となる。すなわち，等温・等積の閉鎖系における不可逆変化では，ヘルムホルツエネルギーは減少する。自発的に起きる変化は不可逆変化なので，ヘルムホルツエネルギーが減少する方向に自発的変化が起きる。

つぎに，等温・等圧の閉鎖系における変化を考えてみよう。このとき系のする機械的仕事 w は式 (2.72) で与えられる。

$$w = \int_A^B p\,dV = P\{V(\mathrm{B}) - V(\mathrm{A})\} \tag{2.72}$$

式 (2.70) に代入すると，式 (2.73) となる。

$$-\{F(\mathrm{B}) - F(\mathrm{A})\} \geq P\{V(\mathrm{B}) - V(\mathrm{A})\} \qquad (\text{等号は可逆過程}) \tag{2.73}$$

ここで，**ギブスエネルギー**（Gibbs energy）G を式 (2.74) で定義すると

$$G = F + PV = H - TS \tag{2.74}$$

$$\Delta G \leq 0 \qquad (\text{等号は可逆過程}) \tag{2.75}$$

となる。式 (2.75) より，等温・等圧の閉鎖系における自発的変化は，ギブスエネルギーが減少する方向に起きることがわかる。

2.2.3 自発的変化の方向と熱力学安定性

前節では，等温・等積，あるいは等温・等圧の閉鎖系における自発的変化の方向が，ヘルムホルツエネルギー変化あるいはギブスエネルギー変化によって与えられることを示したが，ここではより一般的に，自発的変化の方向と熱力学安定性について考えてみよう。

平衡とは，これ以上変化しない終局的な状態のことであるから，あらゆる可能な変分 δ に対して不可逆な変化が生じないことと同値である。ある閉鎖系において不可逆な変化が生じない条件は，等温・等積では，$\delta F \geq 0$，等温・等圧では，$\delta G \geq 0$ である。実際には $\delta F > 0$，$\delta G > 0$ なる変化は生じないので，式 (2.76) が平衡の条件となる。

$$\delta F = 0, \qquad \delta G = 0 \tag{2.76}$$

したがって，式 (2.77) が自発的変化の条件となる。

$$\delta F<0, \qquad \delta G<0 \tag{2.77}$$

図 2.7 は，系の状態を示す変数 x（温度や組成など）と F，G との関係を示したものである。式 (2.76) に従えば，平衡状態には図に示すように（a）と（b）の二つの場合が考えられる。しかし，F や G は熱力学変数であり，これらは系を構成する粒子の長時間平均値であるため，ゆらぎを持っている。したがって，（a）のような平衡状態の近傍では，つねに式 (2.77) が満たされてしまう。このため，（a）の場合には安定な平衡状態は存在しない。よって，**安定平衡**（stable equilibrium）の条件は式 (2.78) で与えられる。

$$\delta^2 F\geq 0, \qquad \delta^2 G\geq 0 \tag{2.78}$$

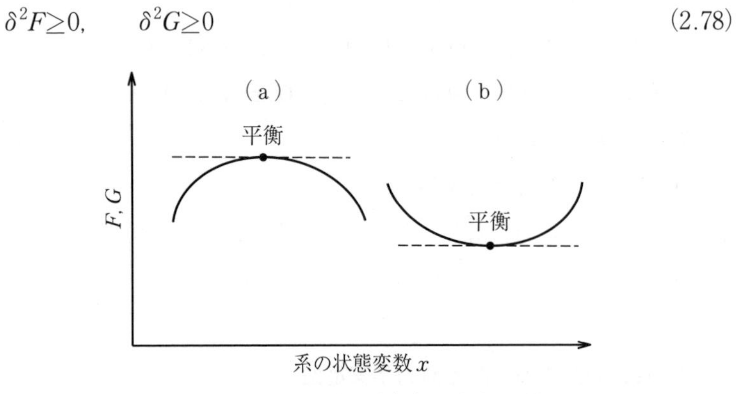

図 2.7　安定平衡の概念図（（a）不安定な平衡，（b）安定平衡）

2.2.4　ルジャンドル変換

熱力学第 1 法則から導かれる式 (2.20) に，可逆変化に対して成立する式 (2.60) の等号部分を代入すると，可逆な微小変化に対して，式 (2.79) が導かれる。

$$dU(S, V) = TdS - PdV \tag{2.79}$$

これを**ギブスの式**（Gibbs' equation）と呼ぶ。平衡状態近傍での微小変化は可逆変化と考えられるので，式 (2.79) は平衡状態にある系においてつねに成立する熱力学の基礎方程式である†1。

式 (2.79) から，U は S と V の関数であることがわかるので，U を S，V で全微分すると，式 (2.80) のようになる。

$$dU=\left(\frac{\partial U}{\partial S}\right)_V dS+\left(\frac{\partial U}{\partial V}\right)_S dV \tag{2.80}$$

式 (2.80) の各項を式 (2.79) と比較すると，式 (2.81) の関係が得られる。S と T，P と V はたがいに**共役な変数**（conjugate variable）と呼ばれ，その積はエネルギーの次元を持つ。

$$\left(\frac{\partial U}{\partial S}\right)_V=T, \qquad \left(\frac{\partial U}{\partial V}\right)_S=-P \tag{2.81}$$

ギブスの式から出発して，U 以外の熱力学関数を系統的に定義するために，**ルジャンドル変換**（Legendre transformation）という数学的手法を用いる。

熱力学関数 L が完全微分であるとき，その自然な変数†2 を $X_1, X_2, X_3, \cdots$ とすると，dL は式 (2.82) の形式（パフ（Pfaff）形式という）で表すことができる。

$$dL=\sum_i C_i dX_i \tag{2.82}$$

このとき，独立変数 X_i とその共役な変数 C_i との交換とそれにともなう L の変換をルジャンドル変換という。$\overline{L}$ を新しい熱力学関数とすると，この変換は式 (2.83)，(2.84) によって与えられる。

$$\overline{L}=L-C_iX_i \tag{2.83}$$

$$d\overline{L}=dL-C_idX_i-X_idC_i \tag{2.84}$$

式 (2.83)，(2.84) を，ギブスの式 (2.79) に適用してみよう。例えば，独立変数 S を共役な変数 T と交換すると，式 (2.85) のように，新しい状態量としてヘルムホルツエネルギー F が得られる。式 (2.86) から，F の自然な独立変数は T，V であることがわかる。

---

†1　この方程式をギブスは自著の中で，“fundamental equation of thermodynamics” と呼んでいる[4)]。

†2　これらの変数の組の関数として熱力学関数が与えられたとき，系の熱力学的性質は完全に定まる。

$$\overline{U} = U - TS = F \tag{2.85}$$

$$dF(T, V) = -SdT - PdV \tag{2.86}$$

同様にして，ほかの熱力学関数も導出することができ，その微分形は式(2.87)，(2.88) で与えられる。

$$dH(S, P) = TdS + VdP \tag{2.87}$$

$$dG(T, V) = -SdT + VdP \tag{2.88}$$

エンタルピー H は S と P を，ギブスエネルギー G は T と P をそれぞれ自然な変数として持つことがわかる。

各熱力学関数をそれぞれ自然な独立変数で全微分し，式 (2.86)～(2.88) と比較することにより，式 (2.89)～(2.91) の関係式が得られる。

$$\left(\frac{\partial H}{\partial S}\right)_P = T, \qquad \left(\frac{\partial H}{\partial P}\right)_S = V \tag{2.89}$$

$$\left(\frac{\partial F}{\partial T}\right)_V = -S, \qquad \left(\frac{\partial F}{\partial V}\right)_T = -P \tag{2.90}$$

$$\left(\frac{\partial G}{\partial T}\right)_P = -S, \qquad \left(\frac{\partial G}{\partial P}\right)_T = V \tag{2.91}$$

さらに，**マクスウェルの関係式**（Maxwell relations）と呼ばれる式 (2.92)～(2.95) が導かれる（導出の詳細は，本章末の文献 1）を参照)。

$$\left(\frac{\partial V}{\partial T}\right)_P = -\left(\frac{\partial S}{\partial P}\right)_T \tag{2.92}$$

$$\left(\frac{\partial P}{\partial S}\right)_V = -\left(\frac{\partial T}{\partial V}\right)_S \tag{2.93}$$

$$\left(\frac{\partial V}{\partial S}\right)_P = \left(\frac{\partial T}{\partial P}\right)_S \tag{2.94}$$

$$\left(\frac{\partial S}{\partial V}\right)_T = \left(\frac{\partial P}{\partial T}\right)_V \tag{2.95}$$

2.2.5 部 分 モ ル 量

圧力以外の外部場が作用せず，表面構造が全体の性質に影響を及ぼさない程度の大きさの均一系を考える。系が c 個の成分からなっているとしたとき，この系における**示量性変数**（extensive variable）[†1]Lは，温度T，圧力Pそして各成分のモル数n_1，n_2，…，n_cの関数と考えられる。系の物質量をλ倍すれば，式(2.96)のように，Lもまたλ倍になる。

$$L(T, P, \lambda n_1, \lambda n_2, \cdots, \lambda n_c) = \lambda L(T, P, n_1, n_2, \cdots, n_c) \tag{2.96}$$

式(2.96)は，LがT，P一定下では，n_1，n_2，…，n_cの1次同次関数[†2]であることを示している。同次関数におけるオイラーの定理（Euler theorem）を用いると

$$L(T, P, n_1, n_2, \cdots, n_c) = \sum_{i=1}^{c} \left(\frac{\partial L}{\partial n_i} \right)_{T, P, n_{j \neq i}} n_i = \sum_{i=1}^{c} \overline{L}_i n_i \tag{2.97}$$

となる。ここで，式(2.98)で定義される$\overline{L}_i$をiの部分モル量（partial molar quantity）と呼ぶ[†3]。

$$\overline{L}_i = \left(\frac{\partial L}{\partial n_i} \right)_{T, P, n_{j \neq i}} \tag{2.98}$$

式(2.97)からわかるように，各成分の部分モル量$\overline{L}_i$にそのモル数n_iを掛けたものをすべて足し合わせることで，示量性変数Lを求めることができる。この性質が部分モル量という名称のゆえんである。

2.2.6 化学ポテンシャル

ギブスの式(2.79)を物質の交換がある系に適用してみよう。c個の成分からなる系に，外界からi成分がdn_iモル流入したときの，i成分1モル当りの系の，内部エネルギーの変化量をμ_iとすると，ギブスの式(2.79)に各成分のモル数n_1，n_2，…，n_cが新たな独立変数として加わり，式(2.99)が得られる。

$$dU(S, V, n_1, n_2, \cdots, n_c) = TdS - PdV + \sum_{i=1}^{c} \mu_i dn_i \tag{2.99}$$

---

†1　その値が物質量に比例する量のことで，例えば，体積や内部エネルギーなどがある。一方，温度や圧力など，物質量によらない量を**示強性変数**（intensive variable）と呼ぶ。

†2　λを定数として，$f(\lambda(x^{(r)})) = \lambda^n f(x^{(r)})$であるとき，$n$次の同次関数であるという。$x^{(r)}$は$r$個の変数の組を表している。

†3　$n_{j \neq i}$はi成分以外のすべての成分のモル数を一定に保つという意味である。

一方，UをS，V，および各成分のモル数で全微分すると

$$dU=\left(\frac{\partial U}{\partial S}\right)_V dS+\left(\frac{\partial U}{\partial V}\right)_S dV+\sum_{i=1}^{c}\left(\frac{\partial U}{\partial n_i}\right)_{S,V,n_{j\neq i}} dn_i \tag{2.100}$$

となる。両式を比較すると，式（2.101）のようになる。

$$\mu_i=\left(\frac{\partial U}{\partial n_i}\right)_{S,V,n_{j\neq i}} \tag{2.101}$$

同様にして，式 (2.99) にルジャンドル変換を適用し，H，F，Gについても計算すると，式 (2.102) のようになる。

$$\mu_i=\left(\frac{\partial H}{\partial n_i}\right)_{S,P,n_{j\neq i}}=\left(\frac{\partial F}{\partial n_i}\right)_{T,V,n_{j\neq i}}=\left(\frac{\partial G}{\partial n_i}\right)_{T,P,n_{j\neq i}} \tag{2.102}$$

部分モル量の定義（式 (2.98) ）より，式 (2.103) が得られる。

$$\overline{G}_i=\left(\frac{\partial G}{\partial n_i}\right)_{T,P,n_{j\neq i}} \tag{2.103}$$

すなわち，化学ポテンシャルは，部分モルギブスエネルギーであることがわかる。式 (2.97) より

$$G=\sum_{i=1}^{c}\overline{G}_i n_i=\sum_{n=1}^{c}\mu_i n_i \tag{2.104}$$

となり，これを微分すると，式 (2.105) のようになる。

$$dG=\sum_{i=1}^{c}\mu_i dn_i+\sum_{i=1}^{c}n_i d\mu_i \tag{2.105}$$

一方，式 (2.99) にルジャンドル変換を適用して

$$dG=-TdS+PdV+\sum_{i=1}^{c}\mu_i dn_i \tag{2.106}$$

が得られる。辺々引いて

$$SdT-VdP+\sum_{i=1}^{c}n_i d\mu_i=0 \tag{2.107}$$

となり，式 (2.107) を**ギブス－デュエムの式**（Gibbs-Duhem equation）と呼ぶ。

等温・等圧下ではギブス－デュエムの式は式 (2.108) となる，ここでx_iは**モル分率**（mole fraction）であり，式 (2.109) で与えられる。

$$\sum_{i=1}^{c}n_i d\mu_i=\sum_{i=1}^{c}x_i d\mu_i=0 \tag{2.108}$$

$$x_i=\frac{n_i}{\sum_{i=1}^{c} n_i} \tag{2.109}$$

2.2.7 物質の移動と化学ポテンシャル

図 2.8 に示すような，系Ⅰと系Ⅱからなる複合系を考えよう。各々の系は c 個の成分を持っており，複合系は閉鎖系で，温度・圧力は一定であるとする。ここで，系Ⅰから系Ⅱに成分 i が Δn_i モル移動したとき，複合系のギブスエネルギー変化 ΔG は，各系の化学ポテンシャルを用いて，式 (2.110) で与えられる。

$$\Delta G=-\mu_i^{(\mathrm{I})}\Delta n_i+\mu_i^{(\mathrm{II})}\Delta n_i=(\mu_i^{(\mathrm{II})}-\mu_i^{(\mathrm{I})})\Delta n_i \tag{2.110}$$

この過程が自発的に進むための条件は，$\Delta G<0$ なので

$$\mu_i^{(\mathrm{I})}>\mu_i^{(\mathrm{II})} \tag{2.111}$$

となる。すなわち，化学ポテンシャルの高いほうから低いほうに，物質は移動する。

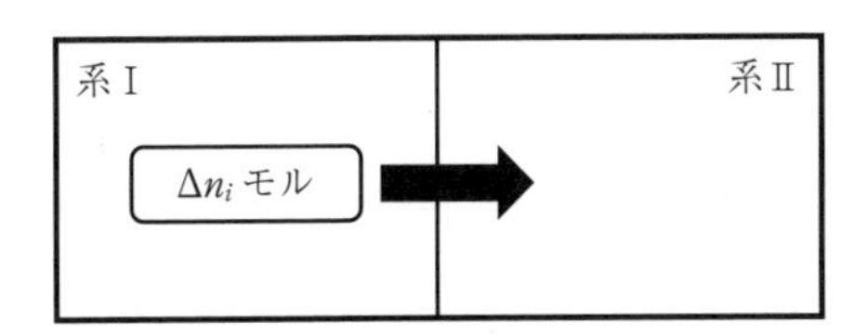

図 2.8 系Ⅰから系Ⅱへの物質移動

また，平衡の条件 $\Delta G=0$ より，系Ⅰと系Ⅱの化学ポテンシャルが等しいとき，物質の移動が平衡に達する。

$$\mu_i^{(\mathrm{I})}=\mu_i^{(\mathrm{II})} \tag{2.112}$$

2.3 溶液・固溶体の熱力学

2.3.1 気体の化学ポテンシャルとフガシティー

混合気体の各成分が理想気体とみなせる場合には，**分圧**（partial pressure）p_i を持つ成分 i の化学ポテンシャル μ_i は，式 (2.113) で与えられる。

$$\mu_i(T, p_i) - \mu_i^0(T, P_0) = \int_{P_0}^{p_i} \frac{RT}{P} dP$$

$$\therefore \mu_i(T, p_i) = \mu_i^0(T, P_0) + RT \ln\left(\frac{p_i}{P_0}\right) \tag{2.113}$$

ここで，$\mu_i{}^0$ は，温度 T，標準圧力 P_0 における成分 i の化学ポテンシャルである。通常は標準状態を $P_0=1$ atm† にとるので，圧力単位を atm にすれば，式 (2.114) で書くことができる。なお，P は気体の**全圧**（total pressure），x_i は i のモル分率である。

$$\mu_i = \mu_i^0 + RT \ln p_i = \mu_i^0 + RT \ln Px_i \tag{2.114}$$

通常の温度・圧力では，多くの場合理想気体の近似が成り立つので，式 (2.114) を用いて気体成分の化学ポテンシャルを求めることができる。しかし，実在気体では，特に高圧・低温において理想気体とは異なった挙動を示す場合が多い。このため，分圧 p_i に代わって式 (2.115) で定義される**フガシティー**（fugacity）f_i が導入される。

$$\mu_i = \mu_i^0 + RT \ln f_i \tag{2.115}$$

また，分圧 p_i とフガシティー f_i との関係は式 (2.116) で与えられる。

$$f_i = \phi_i p_i \tag{2.116}$$

ここで，ϕ_i を**フガシティー係数**（fugacity coefficient）と呼び，理想気体からの偏倚（へんい）（deviation）を表している。理想気体では $\phi_i=1$ である。

2.3.2 活　　量

固体・液体のような凝縮系においては，フガシティーの代わりに，**活量**（activity，活動度とも呼ばれる）が用いられる。温度 T，圧力 P における i 成分の活量 a_i は，式 (2.117) で定義される。

$$\mu_i(T, P) = \mu_i^0(T, P) + RT \ln a_i(T, P) \tag{2.117}$$

高圧下や表面張力による圧力の支配的な系（超微粒子など）でない限り，凝縮

† SI（国際単位系）では $P_0=1.013\,3\times10^5$ Pa となる。1 Pa ではないことに注意が必要である。

相のモル体積は気体に比べて小さいので，化学ポテンシャルや活量の圧力依存性は考慮しないのが普通である。したがって，一般には式 (2.118) が活量 a_i の定義となる。

$$\mu_i = \mu_i^0 + RT \ln a_i \tag{2.118}$$

ここで，μ_i^0 は標準状態の物質 i の化学ポテンシャルであり，通常は考察する温度 T，圧力 1 atm のもとで，最も安定に存在する単体の相（純物質）を採用する（もちろん，ほかの状態にある物質 i を標準状態としてもよい）。式 (2.118) から明らかなように，標準状態の物質の活量は 1 である。また，活量 a_i とモル分率 x_i との関係は，式 (2.119) で与えられる。

$$a_i = \gamma_i x_i \tag{2.119}$$

γ_i を**活量係数**（activity coefficient）と呼び，通常温度と組成の関数として扱う。

純物質を標準状態に選んだ場合，溶液中の成分 i の平衡蒸気圧を p_i，純物質 i の平衡蒸気圧を p_i^0 とすると，活量 a_i とフガシティー f_i の関係は式 (2.120) で与えられる。

$$a_i = \frac{f_i}{f_i^0} = \frac{\phi_i p_i}{\phi_i^0 p_i^0} \tag{2.120}$$

蒸気が理想気体で近似できるときは，式 (2.121) となる。

$$a_i = \frac{p_i}{p_i^0} \tag{2.121}$$

2.3.3　溶液・固溶体の化学ポテンシャル

A を**溶媒**（solvent），B を**溶質**（solute）とする A–B 2 成分系溶液を，純粋な A と純粋な B を混合して作成することを考える。A，B のモル分率をそれぞれ x_A，x_B としたとき，1 モルの溶液生成にともなうギブスエネルギー変化（混合ギブスエネルギー変化（Gibbs energy change of mixing））ΔG_{mix} は，式 (2.122) のように，1 モルの A–B 溶液のギブスエネルギー $G_{A\text{-}B}$ から，混合前の純物質のギブスエネルギーの和を引いたものに等しい。ここで，G_A^0，G_B^0 は純粋な A，B 1 モルのギブスエネルギーである。

$$\Delta G_{mix} = G_{A\text{-}B} - (x_A G_A^0 + x_B G_B^0) \tag{2.122}$$

$\mu_i^0 = G_i^0$ なので，式 (2.123) が得られる。

$$\Delta G_{mix} = x_A(\mu_A - \mu_A^0) + x_B(\mu_B - \mu_B^0) = RT(x_A \ln a_A + x_B \ln a_B) \tag{2.123}$$

2.3.4　ラウールの法則とヘンリーの法則

純物質を標準状態とした場合，**希薄溶液**（dilute solution）の溶媒と溶質のモル分率と活量との間に，それぞれ以下の法則が成立する。

(1)　**ラウールの法則**（Raoult's law）：希薄溶液の溶媒の活量はそのモル分率に等しい。

$$\lim_{x_{solvent} \to 1} \gamma_{solvent} = 1 \tag{2.124}$$

(2)　**ヘンリーの法則**（Henry's law）：希薄溶液の溶質の活量はそのモル分率に比例する。

$$\lim_{x_{solvent} \to 1} \gamma_{solute} = \gamma_{solute}^0 \tag{2.125}$$

図 2.9 は，A-B 2 成分系の成分 B のモル分率 x_B と活量 a_B との関係を示した図である。濃度が低くモル分率が 0 に近い領域では，活量曲線は傾き γ_B^0 の直線になる。これがヘンリーの法則である。一方，濃度が高くモル分率が 1 に近い領域では $y=x$ の線上に乗る。これが，ラウールの法則である。ラウールの法則では，モル分率が 1 のとき活量が 1 となるので，純物質を標準状態にとったときの活量を，ラウール基準の活量と呼ぶ。なお，希薄溶液を扱う場合，溶質の活量と濃度が一致するように標準状態を選ぶ場合がある。これをヘンリー

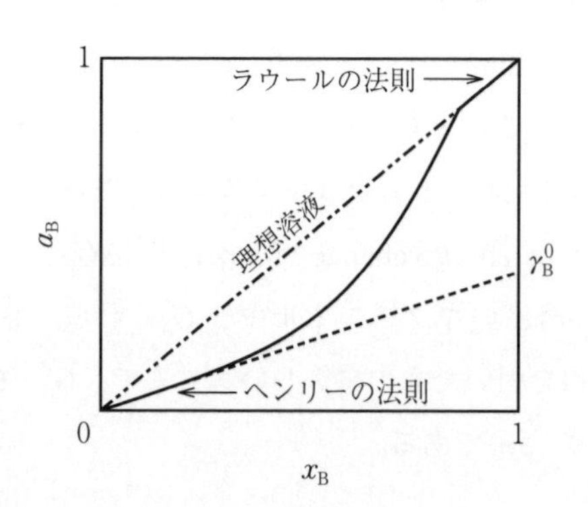

図 2.9　ラウールの法則とヘンリーの法則

基準もしくは無限希薄溶液基準と呼ぶ[5)]。

図中には，活量曲線が $y=x$ の下に存在する場合を示した。後述するように，活量曲線が $y=x$ となるものを理想溶液と呼ぶが，下に存在する場合には，理想溶液より負に偏倚しているといい，溶質の活量係数が1より小さく，溶液と溶質の親和力が大きい場合に見られる。一方，上に存在する場合には，理想溶液より正に偏倚しているといい，溶質の活量係数が1より大きく，溶液と溶質の反発的な相互作用の結果であると考えられる。

2.3.5 理想溶液と正則溶液

全組成範囲でラウールの法則が成立する溶液，すなわち活量がそのモル分率に等しい（活量係数が1に等しい）溶液を**理想溶液**（ideal solution）という。

A–B 2成分系溶液の混合ギブスエネルギー変化は，式 (2.123) に式 (2.119) を代入すると，式 (2.126) のようになる。

$$\Delta G_{\mathrm{mix}}=RT(x_{\mathrm{A}}\ln\gamma_{\mathrm{A}}+x_{\mathrm{B}}\ln\gamma_{\mathrm{B}})+RT(x_{\mathrm{A}}\ln x_{\mathrm{A}}+x_{\mathrm{B}}\ln x_{\mathrm{B}}) \tag{2.126}$$

理想溶液の定義より，A，B の活量係数 γ_{A}，γ_{B} はいずれも1なので，肩付き文字 id. が理想溶液を表すものとすると，理想溶液のギブスエネルギー変化 $\Delta G_{\mathrm{mix}}^{\mathrm{id.}}$ は，式 (2.127) で与えられる。

$$\Delta G_{\mathrm{mix}}^{\mathrm{id.}}=RT(x_{\mathrm{A}}\ln x_{\mathrm{A}}+x_{\mathrm{B}}\ln x_{\mathrm{B}}) \tag{2.127}$$

$G=H-TS$ と比較すると

$$\Delta H_{\mathrm{mix}}^{\mathrm{id.}}=0 \tag{2.128}$$

$$\Delta S_{\mathrm{mix}}^{\mathrm{id.}}=-R(x_{\mathrm{A}}\ln x_{\mathrm{A}}+x_{\mathrm{B}}\ln x_{\mathrm{B}}) \qquad (2.129)^{\dagger}$$

となる。すなわち，理想溶液においては，混合のエンタルピー変化（混合熱）が0であることがわかる。

混合のエントロピー変化が理想溶液と等しい溶液は，ヒルデブラント（Hildebrand）により，**正則溶液**（regular solution）と名づけられた，正則溶液においては，混合のエンタルピー変化 $\Delta H_{\mathrm{mix}}^{\mathrm{reg.}}$ とエントロピー変化 $\Delta S_{\mathrm{mix}}^{\mathrm{reg.}}$ は

---

† A，B 原子の無秩序混合（random mixing）を考えて統計力学的エントロピーを求めると，式 (2.129) が得られる。

それぞれ式 (2.130)，(2.131) で与えられる。

$$\Delta H_{\text{mix}}^{\text{reg.}} = RT(x_{\text{A}} \ln \gamma_{\text{A}} + x_{\text{B}} \ln \gamma_{\text{B}}) \tag{2.130}$$

$$\Delta S_{\text{mix}}^{\text{reg.}} = \Delta S_{\text{mix}}^{\text{id.}} = -R(x_{\text{A}} \ln x_{\text{A}} + x_{\text{B}} \ln x_{\text{B}}) \tag{2.131}$$

また，部分モル量に関する関係式 (2.97) から，i 成分の混合の部分モルエンタルピー変化は式 (2.132) で与えられる。

$$\Delta \overline{H}_i^{\text{reg.}} = RT \ln \gamma_i \tag{2.132}$$

混合の部分モルエンタルピーの変化の温度依存性がなく，一定であると仮定すると，活量係数 γ_i の対数は温度の逆数に比例する。この性質を用いて，ある温度での活量係数が既知のとき，別の温度での活量係数を推定することができる。この性質はまた，温度の上昇にともなって活量係数の対数が 0，すなわち活量係数が 1 に近づくことを示している。これは高温ほど理想溶液に近い振る舞いをすることを意味しており，正則溶液に限らず一般の溶液についてもいえることである。

2.3.6 実 在 溶 液

実在溶液と理想溶液との混合ギブスエネルギー変化の差 $\Delta G_{\text{mix}}^{\text{ex.}}$ を過剰混合ギブスエネルギー変化と呼び，活量係数 γ_{A}，γ_{B} との間に式 (2.133) の関係がある。

$$\Delta G_{\text{mix}}^{\text{ex.}} = \Delta G_{\text{mix}} - \Delta G_{\text{mix}}^{\text{id.}} = RT(x_{\text{A}} \ln \gamma_{\text{A}} + x_{\text{B}} \ln \gamma_{\text{B}}) \tag{2.133}$$

ここで，A–B 2 成分系を考え，成分 A の活量係数 γ_{A} が，成分 B のモル分率のべき級数で表されるとすると，$x_{\text{B}} \to 0$，すなわち $x_{\text{A}} \to 1$ のとき，ラウールの法則より $\gamma_{\text{A}} \to 1$ となるので，べき級数の定数項は 0 となり，A，B それぞれについて式 (2.134)，(2.135) で表される。

$$RT \ln \gamma_{\text{A}} = A_{\text{A}} x_{\text{B}} + B_{\text{A}} x_{\text{B}}^2 + C_{\text{A}} x_{\text{B}}^3 + \cdots \tag{2.134}$$

$$RT \ln \gamma_{\text{B}} = A_{\text{B}} x_{\text{A}} + B_{\text{B}} x_{\text{A}}^2 + C_{\text{B}} x_{\text{A}}^3 + \cdots \tag{2.135}$$

ここで，A_{A}，B_{A} などの係数は，温度と圧力の関数であると考えられるが，通常は定数として扱う。このようなべき級数展開を**マーギュレス展開**（Margules expansion）と呼ぶ。

式 (2.134)，(2.135) をギブス・デュエムの式に代入して，未定乗数法を用いると，各係数を求めることができる。2 次までの項について計算を行うと，

式 (2.136), (2.137) のような簡単な形が得られる（より高次の項まで考慮した場合の結果については本章末の文献 6）を参照)。

$$RT\ln\gamma_A=\alpha x_B^2 \tag{2.136}$$

$$RT\ln\gamma_B=\alpha x_A^2=\alpha(1-x_B)^2 \tag{2.137}$$

正則溶液の混合エンタルピー変化に式 (2.136), (2.137) を適用すると

$$\Delta H_{mix}^{reg.}=\alpha x_A x_B^2+\alpha x_B x_A^2=\alpha x_A x_B \tag{2.138}$$

となる。一般には，混合のエントロピー変化が理想溶液と等しいだけでなく，式（2.136）～（2.138）を満たす溶液を，正則溶液と呼ぶ場合が多い。

2.4 化　学　平　衡

2.4.1　化学反応式と反応熱

ν_A モルのA，ν_B モルのBが反応して，ν_P モルのP，ν_Q モルのQを生成するとき，この化学反応を化学反応式 (2.139) によって表すことにする。

$$\nu_A A+\nu_B B=\nu_P P+\nu_Q Q \tag{2.139}$$

ここで，A，Bは**反応物**（reactant），P，Qは**生成物**（product）であり，ν_i は物質 i の**化学量論係数**（stoichiometric coefficient）という。

反応熱（heat of reaction）とは，等圧（通常は1 atm）下での化学反応によって，系に発生または吸収される熱のことであり，これは系のエンタルピー変化にほかならない。式 (2.139) の反応を考えたとき，反応熱 ΔH_r は，式 (2.140) で与えられる。

$$\Delta H_r=(\nu_P H_P+\nu_Q H_Q)-(\nu_A H_A+\nu_B H_B) \tag{2.140}$$

ここで，$\Delta H_r>0$ のとき，**吸熱反応**（endothermic reaction），$\Delta H_r<0$ のとき，**発熱反応**（exthothermic reaction）となる。高校の化学で履修する熱化学方程式とは反応熱の符号が逆になることに注意されたい。

反応熱に関しては，つぎの**ヘスの法則**（Hess's law）が重要である。

●ヘスの法則：もし継続的反応が等温・等圧下で進行するならば，その反応熱はそれぞれの反応熱の総和で与えられる。

元素の単体からある化合物が生成する際の反応熱を**生成エンタルピー変化**（enthalpy change of formation）と呼び，ΔH_f と表記する。反応にあずかる物質がすべて標準状態（通常純物質）にあるときには，ΔH_f^0 と表記し，**標準生成エンタルピー変化**（standard enthalpy change of formation）という。

異なった温度での反応熱を求めるには，式 (2.141) を用いる。

$$\Delta H_r(T_2) - \Delta H_r(T_1) = \int_{T_1}^{T_2} \Delta C_P \, dT \tag{2.141}$$

ここで，ΔC_P は，式 (2.142) で表される。

$$\Delta C_P = (\nu_\mathrm{P} C_P(\mathrm{P}) + \nu_\mathrm{Q} C_P(\mathrm{Q})) - (\nu_\mathrm{A} C_P(\mathrm{A}) + \nu_\mathrm{B} C_P(\mathrm{B})) \tag{2.142}$$

式 (2.141) を，**キルヒホッフの法則**（Kirchhoff's law）という。エンタルピーの絶対値を求めることはできないが，298 K，1 atm 下におけるエンタルピーの基準値を決めておくと，式 (2.141) を用いて，任意の温度のエンタルピーの値を計算することができる。

さまざまな純物質における基準値 $H_{298}{}^0$ が，各種のデータ集にまとめられているが，元素のエンタルピーは $H_{298}{}^0 = 0$ とするという約束がなされている。この約束に従えば，ある化合物の 298 K における標準生成エンタルピー変化 $\Delta H_{f,\,298}{}^0$ は，$H_{298}{}^0$ に等しいことがわかる。したがって，データ集によって，$\Delta H_{f,\,298}{}^0$，$\Delta H_{298}{}^0$，$H_{298}{}^0$ など，表記はまちまちであるが，中身は同じである。いくつかの物質についての標準生成エンタルピー変化を**付表 2** に示した。

一方，エントロピーは熱力学第 3 法則によって絶対零度における値が 0 となるので，式 (2.64) を用いて絶対値を求めることができる。298 K における標準エントロピーの値も付表 2 に示した。

2.4.2　反応のギブスエネルギー変化

反応にあずかる物質の化学ポテンシャルを用いて，反応のギブスエネルギー変化 ΔG_r を書き下ろすと，式 (2.143) となる。

$$\Delta G_r = (\nu_\mathrm{P}\mu_\mathrm{P} + \nu_\mathrm{Q}\mu_\mathrm{Q}) - (\nu_\mathrm{A}\mu_\mathrm{A} + \nu_\mathrm{B}\mu_\mathrm{B}) \tag{2.143}$$

活量の定義式 (2.118) を代入すると，式 (2.144) が得られる。

$$\Delta G_r = \{(\nu_P \mu_P^0 + \nu_Q \mu_Q^0) - (\nu_A \mu_A^0 + \nu_B \mu_B^0)\}$$
$$+ RT\{(\nu_P \ln a_P + \nu_Q \ln a_Q) - (\nu_A \ln a_A + \nu_B \ln a_B)\} \tag{2.144}$$

ここで，$\mu_i^0 = G_i^0$ なので，式 (2.144) 右辺の最初の中括弧内は，式 (2.145) のように，標準状態にある生成物と反応物間のギブスエネルギー差，ΔG_r^0 で記述される。ΔG_r^0 を**反応の標準ギブスエネルギー変化**（standard Gibbs energy change of reaction）と呼ぶ。

$$\Delta G_r^0 = (\nu_P G_P^0 + \nu_Q G_Q^0) - (\nu_A G_A^0 + \nu_B G_B^0) \tag{2.145}$$

平衡状態では，反応のギブスエネルギー変化 $\Delta G_r = 0$ なので

$$\Delta G_r = \Delta G_r^0 + RT\{(\nu_P \ln a_P + \nu_Q \ln a_Q) - (\nu_A \ln a_A + \nu_B \ln a_B)\} = 0 \tag{2.146}$$

となる。式 (2.146) において注意するべきことは，平衡の条件は $\Delta G_r = 0$ であって，$\Delta G_r^0 = 0$ ではないということである。ΔG_r^0 は，反応にあずかる物質がすべて標準状態にあるときの反応のギブスエネルギー変化であり，通常は純物質および 1 atm の気体間の反応を考えている。したがって，ΔG_r^0 の正負で反応の自発的変化の方向を判断するのも誤りであり，つねに ΔG_r の正負で判断しなくてはならない。

2.4.3 平 衡 定 数

式 (2.146) を変形すると，式 (2.147) のような関係式が得られる。

$$\Delta G_r^0 = -RT \ln \frac{a_P^{\nu_P} a_Q^{\nu_Q}}{a_A^{\nu_A} a_B^{\nu_B}} \tag{2.147}$$

ここで，**平衡定数**（equilibrium constant）K を式 (2.148) で定義する。平衡定数が大きいほど，式 (2.139) の反応の平衡は右に進むことを示している。

$$K = \frac{a_P^{\nu_P} a_Q^{\nu_Q}}{a_A^{\nu_A} a_B^{\nu_B}} \tag{2.148}$$

反応にあずかる物質が気体の場合には，活量の代わりに分圧を 1 atm で除したもの[†]を用いればよい。式 (2.148) を式 (2.147) に代入すると，実用上非常に便利な式 (2.149) が得られる。

† 圧力単位が atm の場合である。Pa の場合には，$1.013\,3 \times 10^5$ で除せばよい。

$$\Delta G_r^0 = -RT \ln K \tag{2.149}$$

2.4.4　ル・シャトリエ－ブラウンの原理

閉鎖系で起きている反応が平衡にあるとき，系に外界から擾乱（じょうらん）を加えた場合に生ずる変化について，つぎの**ル・シャトリエ－ブラウンの原理**（Le Chatlier-Braun's principle）が成り立つ。

●ル・シャトリエ－ブラウンの原理：熱力学系はそれに加えられたどのような変化に対しても，その効果を打ち消して和らげようとする。

ここで，平衡定数の温度および圧力依存性について考察してみよう。式(2.149)の両辺を，圧力一定のもとで，$1/T$で微分すると，式(2.150)となる。

$$\left(\frac{\partial \ln K}{\partial \dfrac{1}{T}}\right)_P = -\frac{\Delta H_r^0}{R} \tag{2.150}$$

発熱反応においては，$\Delta H_r^0 < 0$なので，式(2.150)の右辺は正になる。したがって，平衡定数は$1/T$の増加，すなわち温度の低下にともなって増大することがわかる。これは，温度を下げるという外界からの作用を打ち消すために，発熱反応を右に進行させるという，ル・シャトリエ－ブラウンの原理を説明している。

式(2.149)の両辺を，等温下において圧力Pで微分すると，式(2.151)となる。

$$\left(\frac{\partial \ln K}{\partial P}\right)_T = -\frac{\Delta v_r^0}{RT} \tag{2.151}$$

ここで，Δv_r^0は，反応の標準モル体積変化であり，式(2.152)で定義される。

$$\Delta v_r^0 = (\nu_P v_P^0 + \nu_Q v_Q^0) - (\nu_A v_A^0 + \nu_B v_B^0) \tag{2.152}$$

反応が右に進むと体積が減少する系（$\Delta v_r^0 < 0$）では，式(2.151)の右辺が正になるので，圧力を上げるとKが増大して平衡は右に進む。この場合も，圧力増加という作用を打ち消すために，反応の進行によって系の体積を減少させているという，ル・シャトリエ－ブラウンの原理を説明している。

2.5 界面・表面の熱力学

2.5.1 ギブスの区分界面

異なる相と相を隔てるものを**界面**（interface）と呼び，場合によっては**表面**（surface）とも呼ぶ。界面の実態は，さまざまな巨視的物理量が連続的に変化する領域であると考えられる（原子スケールで考えれば，微視的物理量は離散的になる）。ここで，二つの**母相**（bulk）αともβとも異なるこの領域を**界面領域**σとし，**図 2.10** に示すようにσの内部に，正確に定義された仮想的な幾何学的界面を導入する。これを**ギブスの区分界面**（dividing surface）という。この仮想的界面の導入によって，連続であった物理量のプロフィールは，界面で不連続に変化することになる。

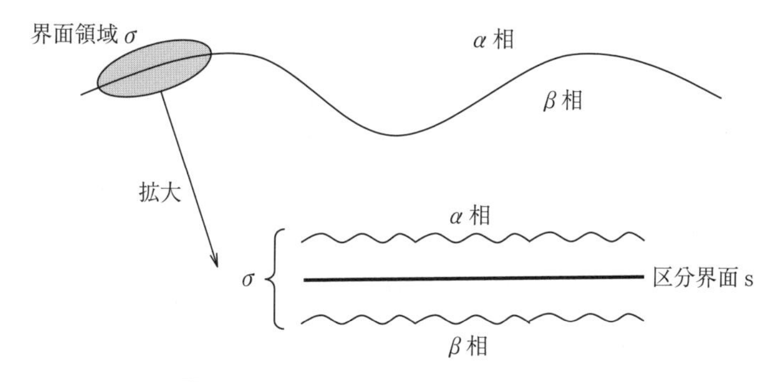

図 2.10 ギブスの区分界面 s と界面領域σ

図 2.11 に，界面領域における実際の物理量の分布を実線で，区分界面の導入による物理量分布を破線で示した。図中斜線部の面積S_1は，区分界面の導入によって過剰に見積もられた物理量を，またS_2は過少に見積もられた物理量を与えるので，界面領域が存在する現実の系と，均質な母相のみからなる仮想的な系との間の熱力学量の差$S_2 - S_1$を界面の熱力学量と定義する。すなわち母相のみからなる仮想系よりも過剰な（過少な場合もある）熱力学量が界面領域に存在し，それが区分界面上に存在すると考えるわけである。

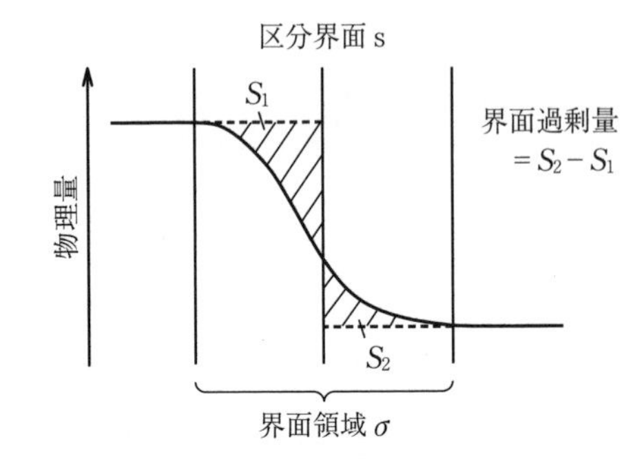

図 2.11　区分界面の熱力学量

界面の持つ熱力学量を示すために，本書では肩付き文字 σ を使った，U^σ，S^σ などの表記を用いることにする。2 次元である界面の熱力学量は，モル当りという概念では表せないので，示量性の変数として取り扱うことにする。また，区分界面上に存在する，成分 i の単位面積当りの物質量を，**界面過剰濃度** (surface excess concentration) Γ_i〔mol·m^{-2}〕で表すことにする。なお，界面過剰濃度は負の値をとる場合もある。

2.5.2　表　面　張　力

図 2.12 に示すように，幅 L，長さ l の膜の 1 辺を自由に動けるようにしておくと，辺 A は内側に f という力で引っ張られる。f の単位長さ当りの大きさを γ〔N·m^{-1}〕としよう。γ は，**表面張力** (surface tension) と呼ばれる。図の膜には表と裏があることを考慮すれば，γ と f との関係は，式 (2.153) で与えられる。

$$\gamma = \frac{f}{2L} \tag{2.153}$$

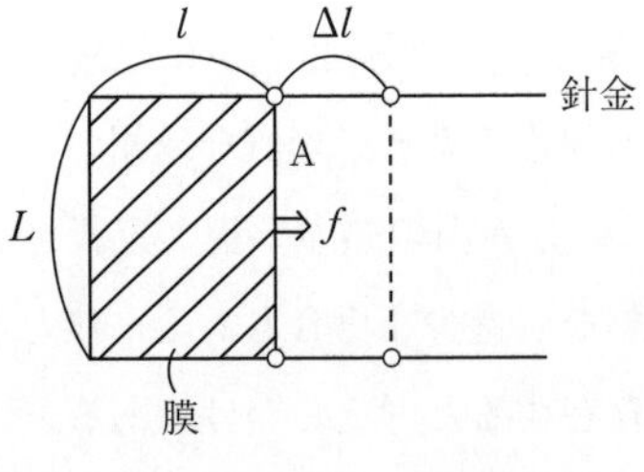

図 2.12　膜の引き伸ばし

等温下で辺Aを力fで可逆的に右に引っ張り，膜を広げる場合を考えよう。Δlだけ膜を伸ばした場合，膜に加えられた仕事は$f\Delta l$なので，式(2.154)が得られ，表面張力は，単位面積の界面を作るための等温可逆仕事であることがわかる。

$$\frac{\text{膜に加えられた仕事}}{\text{新たに作られた膜の面積}}=\frac{f\Delta l}{2L\Delta l}=\gamma \tag{2.154}$$

平らな界面については，圧力による機械的仕事PVに対応した表面張力による仕事は，$-\gamma a$となる（圧力に相当する力が張力となるので，マイナス符号がつく）。なお，aは界面の面積である。これを考慮すると，界面に関して，ギブスの式に相当する式(2.155)が得られる†。

$$dU^{\sigma}=TdS^{\sigma}+\gamma da+\sum_{i=1}^{c}\mu_i dn_i^{\sigma} \tag{2.155}$$

また，界面に関するほかの熱力学関数も，式(2.156)〜(2.159)のように書くことができる。

$$F^{\sigma}=U^{\sigma}-TS^{\sigma} \tag{2.156}$$

$$dF^{\sigma}=-S^{\sigma}dT+\gamma da+\sum_{i=1}^{c}\mu_i dn_i^{\sigma} \tag{2.157}$$

$$G^{\sigma}=U^{\sigma}-TS^{\sigma}-\gamma a \tag{2.158}$$

$$dG^{\sigma}=-S^{\sigma}dT-ad\gamma+\sum_{i=1}^{c}\mu_i dn_i^{\sigma} \tag{2.159}$$

さらに，ギブス－デュエムの式に相当する式として，式(2.160)が得られる。ここで，$\Gamma_i=n_i^{\sigma}/a$である。

$$d\gamma+\frac{S^{\sigma}}{a}dT+\sum_{i=1}^{c}\Gamma_i d\mu_i=0 \tag{2.160}$$

2.5.3 ヤングの式

図2.13(a)に示すような，平板上の液滴を考える。いま図(b)のように液体－固体間の界面積がΔaだけ増加したとすれば，気体－固体の界面積はΔa減少し，気体－液体間の界面積は$\Delta a\cos\theta$増大する。ここでθは，図に示

† 界面領域と母相の各成分の化学ポテンシャルは等しいので，$\mu_i^{\sigma}=\mu_i$である。

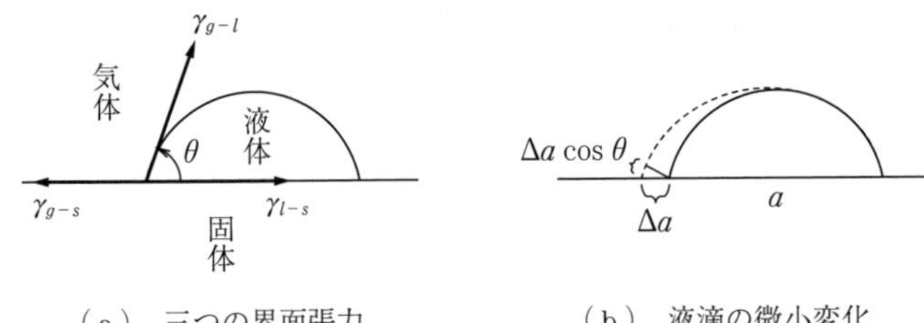

（a） 三つの界面張力　　（b） 液滴の微小変化

図 2.13　固体平板上の液滴

すように平板と液滴断面の接線とのなす角であり，反時計回りを正とする。θ は**接触角**（contact angle）と呼ばれる。液体－固体間，気体－固体間，気体－液体間の界面張力それぞれ γ_{l-s}，γ_{g-s}，γ_{g-l} とおけば，この変化にともなう系のギブスエネルギー変化は，式 (2.161) で与えられる[7]。

$$\Delta G = \gamma_{l-s}\Delta a - \gamma_{g-s}\Delta a + \gamma_{g-l}\Delta a\cos\theta \tag{2.161}$$

いま $\theta=\theta^0$ において平衡状態が達成されるとすれば，$\Delta G=0$ より

$$\gamma_{l-s} - \gamma_{g-s} + \gamma_{g-l}\cos\theta^0 = 0 \tag{2.162}$$

となる。式 (2.162) を**ヤングの式**(Young's equation), θ^0 を**平衡接触角**(equilibrium contact angle) と呼ぶ。

図 2.13（a）の図を用いて，ヤングの式を三つの界面張力の力の釣合いから導出する例をしばしば見かけるが，図から明らかなように，鉛直方向の力はつり合っていない。**図 2.14**（a）は，固体平板の代わりに，もう一つ別の液体を用いた場合を示している。このときは，液体は容易に変形して，三つの張力はつり合う。このことから，変形が難しい固体の場合には張力の鉛直成分は，図（b）

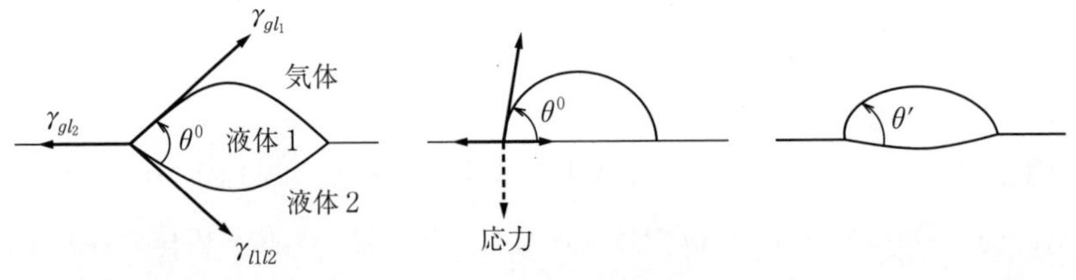

（a） 固体平板を液体に代えた場合　　（b） 表面張力の鉛直成分とつり合う力　　（c） 応力緩和効果

図 2.14　液滴の平衡接触角

に示すように固体表面における応力とつり合っていると考えることができる。その結果，図（c）のように，応力緩和効果によって変形が生じる場合がある[8)]。

2.5.4　ラプラスの式

図 2.15 に示すように，α 相と β 相を隔てる区分界面 s が，平面から dN だけ β 相側に動いた位置で平衡に達し，面積が da だけ増加したとすれば，ギブスエネルギー変化 ΔG は 0 であるので，P^{α}，P^{β} をそれぞれの相の圧力として，式 (2.163) が成立する。

$$\Delta G = \gamma da + (P^{\beta} adN - P^{\alpha} adN) = 0 \tag{2.163}$$

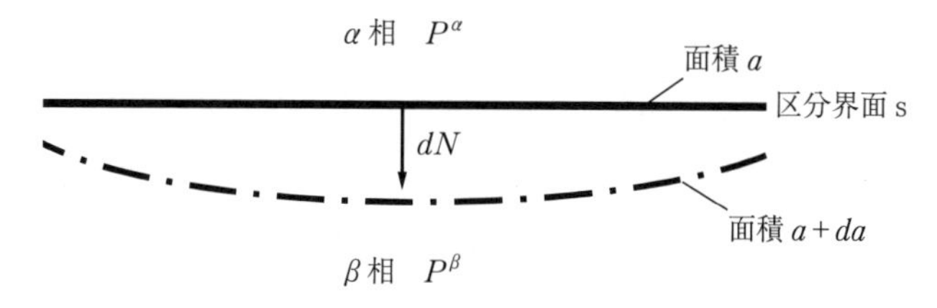

図 2.15　圧力差のある界面の変形

区分界面の主曲率 c_1，c_2 は，**図 2.16** のように α 相側から測った曲率半径 r_1，r_2 の逆数として与えられる。主曲率を用いて界面積の変化 da を書き表すと式 (2.164) となる。

$$da = (c_1 + c_2) adN \tag{2.164}$$

式 (2.163) に代入して

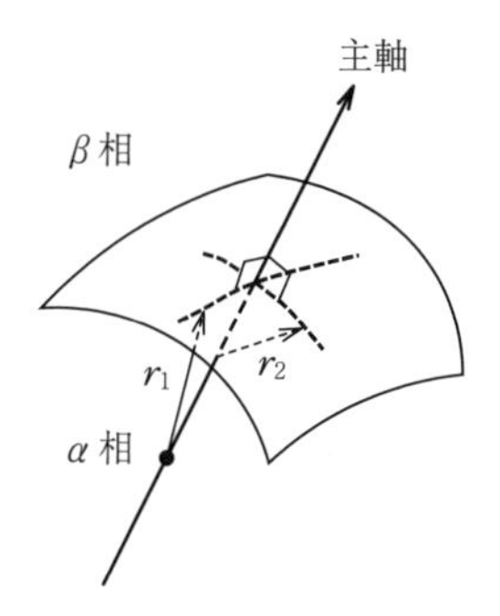

図 2.16　界面の曲率半径

$$\gamma(c_1 + c_2) = P^\alpha - P^\beta \tag{2.165}$$

が得られる。$\Delta P = P^\alpha - P^\beta$ とおいて，曲率半径$(r_1,\ r_2)$を用いて式 (2.165) を書き直すと，**ラプラスの式**(Laplace's equation)と呼ばれる式 (2.166) が得られる。

$$\Delta P = \gamma\left(\frac{1}{r_1} + \frac{1}{r_2}\right) \tag{2.166}$$

界面が半径 r の球面の場合には，$r = r_1 = r_2$ なので，式 (2.167) が成り立つ。

$$\Delta P = \frac{2\gamma}{r} \tag{2.167}$$

2.5.5　ギブスの吸着等温式

ギブスの区分界面の導入によって生じる界面過剰濃度の説明のために，界面領域における溶媒と溶質の濃度分布を**図 2.17** に模式的に示す。区分界面は図中の界面領域の内側の任意の位置に設けることができるが，通常は溶媒の界面過剰濃度が 0 となる位置にする。具体的には，図中の S_1 と S_2 の面積が等しくなる位置にとればよい。図中の溶質濃度分布は拡大して表示してあるが，S_3 の面積に相当する量が母相よりも過剰に界面領域に存在する量であり，これがすべて区分界面上に存在すると考える。もし，溶質が過剰ではなく不足した場合には，界面過剰量は負の値をとる。

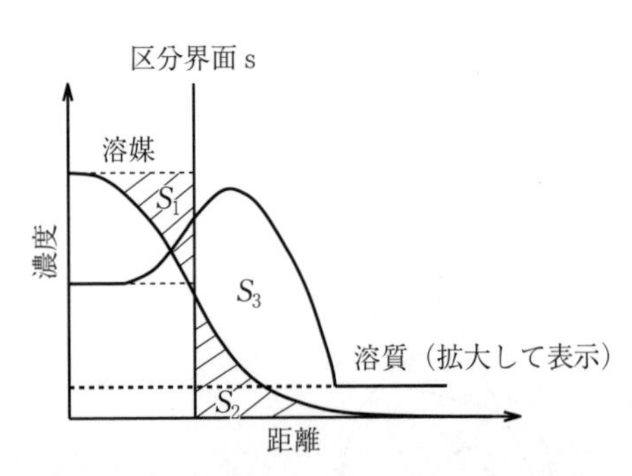

図 2.17　界面領域における濃度分布の模式図

界面が平らであるときには，界面張力やその化学ポテンシャルによる導関数は，界面の位置によらないので[9]，等温では，式 (2.160) より，式 (2.168) が得られる。

$$d\gamma = -\sum_{i=1}^{c} \Gamma_i d\mu_i \tag{2.168}$$

成分1を溶質とすると，溶質2に対して**ギブスの吸着等温式**（Gibbs adsorption isotherm）（式(2.169)）が得られる。

$$\left(\frac{\partial \gamma}{\partial \mu_2}\right)_{T,\mu_3,\cdots,\mu_c} = \frac{1}{RT}\left(\frac{\partial \gamma}{\partial \ln a_2}\right)_{T,a_3,\cdots,a_c} = -\Gamma_2 \tag{2.169}$$

希薄溶液では，ヘンリーの法則が成り立つので，式(2.169)を変形して

$$\left(\frac{\partial \gamma}{\partial \ln x_2}\right)_{T,x_3,\cdots,x_c} = -RT\Gamma_2 \tag{2.170}$$

となる。溶質成分2が界面領域に過剰に存在する性質を持つとき，成分2を**界面活性成分**（surf-active component）と呼び，$\Gamma_2 > 0$である。このとき式(2.170)の右辺は負となるので，成分2の濃度x_2が増加すると界面張力γは減少する。洗剤などに含まれている界面活性剤は，親水的な部分と疎水的な部分とを持つため，水－油や水－空気の界面に吸着する。このような場合，界面活性剤はほぼ単分子で吸着するため，ギブスの吸着等温式はよい近似となる。

流体の表面において界面活性成分の濃度差が生ずると，表面張力の低い部分が高い部分に引き寄せられ，流れが起きる。また，表面張力は温度の関数でもあるため，温度差に起因した表面張力の違いによる流れも生じる。一般に表面張力の差によって生じる対流を**マランゴニ対流**（Marangoni convection）と呼び，宇宙空間のような微小重力下では特に重要となる。

章　末　問　題

【2.1】 トムソンの原理とクラウジウスの原理が同値であることを証明せよ。

【2.2】 80 MWの原子力発電所において，沸騰水型原子炉（BWR）が炉内温度315℃で稼働している。冷却水の温度が20℃のとき，単位時間に環境に排出されるエネルギーは何MWになるか。ただし，発電効率はカルノー効率の60％とする。

【2.3】 1 000 kgの石英（quartz：SiO_2 分子量60.0）を300 Kから800 Kまで昇温するのに必要な熱エネルギーを計算せよ。

【2.4】 液体黄銅（brass）中の Zn の活量係数が次式で与えられるとき，1 200 K においてモル比が 1：1 である黄銅の Zn 分圧を計算せよ。ただし，1 200 K での純亜鉛の蒸気圧は 1.17 atm である。

$$RT \ln \gamma_{Zn} = -38\,300 x_{Cu}^2$$

【2.5】 純粋な Ni 板が 1 300 K で酸化しないために必要な条件を求めよ。

【2.6】 2 000 K における Al_2O_3（アルミナ）の表面エネルギー（表面張力）は，0.9 $N \cdot m^{-1}$ である。一方，鉄の蒸気と鉄との間の表面張力は 1.7 $N \cdot m^{-1}$，鉄とアルミナ間の界面張力は 2.3 $N \cdot m^{-1}$ と測定されている。アルミナ板の上に鉄の小滴をおいたときの平衡接触角を求めよ。

引用・参考文献

1） 久保亮五：大学演習　熱学・統計力学，裳華房（1998）
2） E.H. Lieb and J. Yngvason：The physics and mathematics of the second law of thermodynamics, *Physics Reports*, **310**, pp.1–23（1999）
3） E. Fermi：Thermodynamics, Dover Publications（1956）
4） J.W. Gibbs：Scientific Papers of J. Willard Gibbs, Ulan Press（2012）
5） 日本金属学会：金属物理化学（金属化学入門シリーズ 1），日本金属学会（1996）
6） N.A. Gokcen and R.G. Reddy：Thermodynamics, Springer（1996）
7） A.W. Adamson：Physical Chemistry of Surfaces, Wiley-Interscience（1990）
8） J.N. イスラエルアチヴィリ（大島広行 訳）：分子間力と表面力（第 3 版），朝倉書店（2013）
9） J.G. カークウッド，I. オッペンハイム（関　集三，菅　宏 共訳）：化学熱力学，東京化学同人（1965）

3 状態図と相転移

第2章では，物質を構成する個々の粒子の挙動に立ち入らず，物質の巨視的な性質を記述するための方法について解説した。本章では，物質が安定に存在する領域に関する情報を視覚的に得るための方法として，状態図について解説する。状態図は材料科学において，海図のような役割を果たしてくれるので，その読み方を身に付けることで，実際の材料を扱う際の強力なツールを手に入れることができる（状態図の読み方の詳しい説明は，本章末の文献1)，2)を参照)。

3.1 状態図の熱力学

一般に物質が安定に存在する領域（相）を，状態を表す示強性変数の空間に表示したものを**状態図**（phase diagram）と呼ぶ（より厳密には平衡状態図という)。物質の安定領域を求めるには，第2章で解説した熱力学を用いる必要があるので，まず状態図の熱力学的基礎事項について解説しよう。

3.1.1 相平衡の条件

相（phase）とは，物理的・化学的に**均一**（homogeneous）と考えることのできる領域を指す。異なる相 α と β が以下の三つの条件を満たすとき，α と β は**相平衡**（phase equilibrium）にあるという。

① 機械的平衡：異なる相の圧力が等しい（式(3.1))†。

$$P^{\alpha}=P^{\beta} \tag{3.1}$$

② 熱平衡：異なる相の温度が等しい（式(3.2))。

† 2相間の界面が平面の場合に限られる。界面が曲率を持つ場合には，第2章を参照。

$$T^{\alpha} = T^{\beta} \tag{3.2}$$

③　物質の交換に関する平衡：異なる相の各成分の化学ポテンシャルが等しい（式 (3.3)）。

$$\mu_i^{\alpha} = \mu_i^{\beta} \qquad (i=1, \cdots, c) \tag{3.3}$$

3.1.2　ギブスの相律とデュエムの定理

不均一系の相平衡において，独立に変えることのできる示強性変数の数 f を**自由度**（degree of freedom）という。平衡状態が保たれた c 成分からなる系内に p 個の相が存在するとき，一つの相の示強性変数の数は，c 個の化学ポテンシャル，温度，圧力の計 $c+2$ 個となるので，系の示強性変数の数は $p(c+2)$ 個となる。一方，相平衡の条件から，機械的平衡の式が $p-1$ 個，熱平衡の式が $p-1$ 個，物質の移動に関する平衡の式が $(p-1)c$ 個，ギブス－デュエムの式が p 個存在する。したがって，自由度 f は，式 (3.4) のように，全示強性変数の数から等式の数を引くことによって求められる。

$$f = p(c+2) - \{2(p-1) + c(p-1) + p\} = c - p + 2 \tag{3.4}$$

式 (3.4) を**ギブスの相律**（Gibbs' phase rule）という。凝縮相を扱う場合には，圧力一定と考えることが多いため，自由度は一つ減り $c+1-p$ となる。

成分の数 c の数え方にはいくつかの方法があるが，最も簡単で実用的な方法は，系内に存在する元素の数を数えることである。系内に存在する成分は，元素の単体どうしの反応によって生成させることができるので，新しい成分の生成に対して新しい化学平衡が追加される。結果として新しい成分は独立な成分とはなりえないので，独立な成分の数は元素の数に等しくなる。

ギブスの相律と同値な定理として，平衡状態にある閉鎖系の独立変数の数について，つぎの**デュエムの定理**（Duhem's theorem）が提示されている。

●デュエムの定理：各成分の初期質量が決まった閉鎖系の平衡状態は，示強性，示量性を問わず，二つの変数を定めることによって決定される。

この定理の説明のため，非常に頑丈な材料でできた，二つの同じ大きさの容器を考えよう。二つの容器のなかに同じ物質を同じ質量だけ入れて密封し，同じ温度で長時間保持したとする。この操作によって，二つの閉鎖系の各成分の初期質量，体積（示量性変数），温度（示強性変数）が指定されたことになる。それぞれが平衡状態に達したとき，二つの容器内のほかの熱力学量（圧力，内部エネルギー，エントロピーなど）はすべて等しくなるであろうというのが，デュエムの定理の主張である。

3.1.3　相変態とクラペイロンの式

物質がその集合状態を変えることを**相変態**（transformation）という（1次相転移のことを指す場合が多い。相転移の詳細は3.5節を参照)。いま，純物質（成分が一つ）のα相からβ相への相変態を考えよう。相変態にともなうギブスエネルギー変化をΔG_tとすると，このときの平衡の条件は，式(3.5)で与えられる。

$$\Delta G_t = G^\beta - G^\alpha = 0 \tag{3.5}$$

式(3.5)を微分すると，式(2.88)より式(3.6)が得られる。

$$d\Delta G_t = \Delta v_t dP - \Delta S_t dT = 0 \tag{3.6}$$

ここで，相変態にともなうモル体積の変化Δv_tは$\Delta v_t = v^\beta - v^\alpha$であり，$\Delta S_t$は相変態にともなうエントロピー変化である。さらに，変態温度をT_t，相変態にともなうエンタルピー変化をΔH_tとすると，変態温度では二つの相は平衡状態にあるので

$$\Delta G_t = \Delta H_t - T_t \Delta S_t = 0 \tag{3.7}$$

となる。式(3.7)を用いて式(3.6)のΔS_tを消去すると，**クラペイロンの式**（Clapeyron's equation）†と呼ばれる，式(3.8)が得られる。

$$\frac{dP}{dT} = \frac{\Delta S_t}{\Delta v_t} = \frac{\Delta H_t}{T_t \Delta v_t} \tag{3.8}$$

この式を用いることで，相変態温度と圧力との関係を知ることができる。例えば，液体の水は固体の水（氷）よりもモル体積が小さいので，氷の融解ではモ

† 気体－液体の相変態の場合，同様の式をクラウジウス－クラペイロンの式（Clausius-Clapeyron equation）と呼ぶ。

ル体積は減少し，$\Delta v_t < 0$，$\Delta H_t > 0$ より $dP/dT < 0$ となる。すなわち圧力を加えると，氷の融点が下がる。一方，液体の水から気体の水（水蒸気）への変化においては，モル体積は増加し，$dP/dT > 0$ となる。このため，水の沸点は圧力の増加にともなって上昇する（圧力鍋は，この原理を利用している）。

3.1.4　純物質の状態図

純物質においては成分数が1であるので，物質の安定相は P-T-v 空間で表示することができるが，通常は P-T 平面または P-v 平面を用いて表示することが多い。**図 3.1** は，α 相と β 相の化学ポテンシャル面を図示したものである。二つの化学ポテンシャル面の交線が α と β が平衡して共存する線になり，この曲線の P-T 平面への射影として状態図の相境界が得られる。

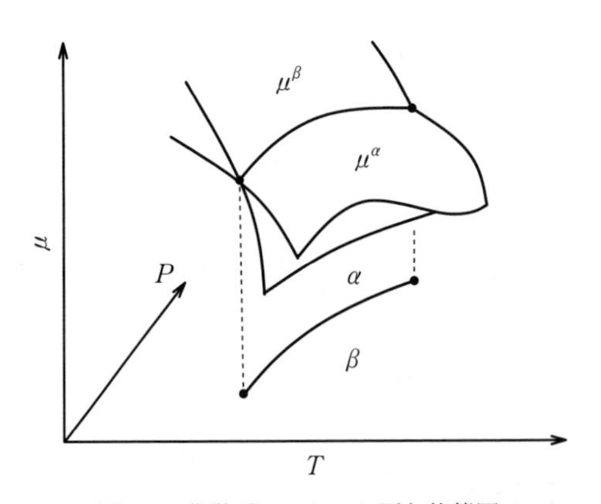

図 3.1　化学ポテンシャル面と状態図

図 3.2 に，純物質の P-T 状態図の1例を示したが，図中の曲線①，②，③は，それぞれ固体と気体，固体と液体，液体と気体が共存する線であり，**昇華曲線**（sublimation curve），**融解曲線**（fusion curve），**蒸発曲線**（vaporization curve）と呼ばれる。これらの線上では相の数が2であるので，自由度 f は，式 (3.4) より $1-2+2=1$ となり，圧力と温度のどちらか一方のみを定めることができる。点Tは**三重点**（triple point）と呼ばれ，気体，液体，固体の三つの相が共存する点である。この点における自由度は0となるので，三重点の温

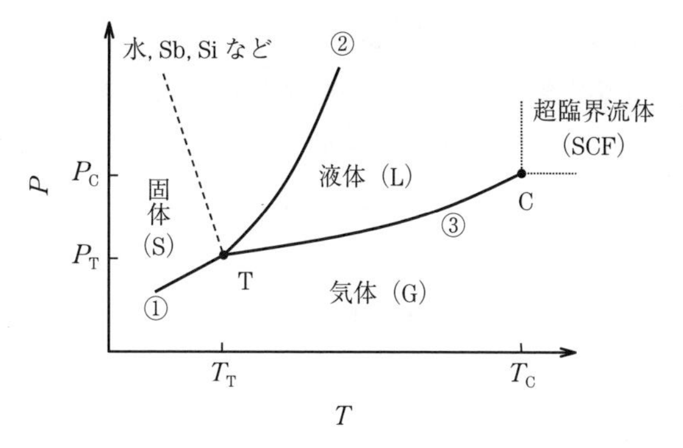

図 3.2　純粋物質の P-T 状態図

度圧力は物質固有の値である。また点 C を**臨界点**（critical point），臨界点 C の温度，圧力を臨界温度 T_C，臨界圧力 P_C と呼ぶ。後述するように，この点における自由度も 0 となるので，T_C，P_C ともに物質固有の値である。

図 3.3 には，純物質の P-v 状態図の一例を示した。図 3.2 の共存線 ①～③ は，図 3.3 では，領域 ①～③ に対応している。また，三重点 T は線分 T″TT′ に，臨界点 C は同様に点 C に対応している。曲線 TCT′ の内側は液相と気相の共存領域 ③ であり，T_1，T_2 は等温線である。図中の等温線 T_1 に着目すると，モル体積 v の増加にともなって液相の圧力は著しく減少し，曲線 TC との交点 M で気相との共存領域に入る。この領域では，モル体積 v の増加にともなって気相の割合は増加していくが，圧力は一定である。その後，曲線

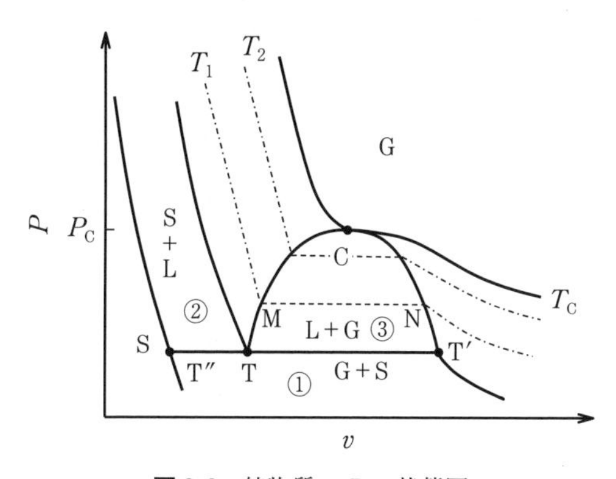

図 3.3　純物質の P-v 状態図

CT′との交点Nを過ぎると，気相単相となる。

臨界温度 T_C の等温線は，点Cにおいて曲線TCT′と接する。このことから，T_C 以上の温度では，気相をどれほど圧縮しても，液相にはならないことがわかる。物質が臨界温度・圧力以上の状態にあるとき，これを図3.2中に示したように，**超臨界流体**（SCF：super critical fluid）と呼ぶ場合がある。酸素（O_2）や窒素（N_2）の臨界温度はそれぞれ154.78 K，126.3 Kであるので，常温の液体酸素や液体窒素は存在しない。一方，プロパンの臨界温度は370.0 Kなので，常温で液化が可能である。

表3.1　種々の物質の臨界温度 T_C，臨界圧力 P_C および臨界体積 v_C [3)]

物　質	T_C〔K〕	P_C〔atm〕	v_C〔g·cm^{-3}〕
Ar	150.72	48	0.530 8
Ag	7 500	–	1.85
Br_2	584	102	1.18
CO	133.0	34.5	0.301 0
CO_2	304.20	72.85	0.468
Cl_2	417.2	76.1	0.573
H_2	33.24	12.80	0.031 02
H_2O	647.14	217.6	0.32
He	5.21	2.26	0.069 3
NH_3	405.51	111.3	0.235
N_2	126.3	33.54	0.311 0
O_2	154.78	50.14	0.41
Pb	5 400	850	2.2
$SiCl_4$	506.8	37.1	0.584
エタノール	516	63.0	0.276
トルエン	594.0	41.6	0.29
プロパン	370.0	42.01	0.220
ベンゼン	562.7	48.6	0.300
メタノール	512.58	79.9	0.272
メタン	190.55	45.44	0.162

臨界点においては，気相のみが存在するので，相律を計算すると $f=2$ となるが，曲線 TCT′ の頂点 C で等温線 T_{C} が接するという条件から，式 (3.9)，(3.10) の二つの式が臨界点の条件として加わるので，自由度は 0 となる。

$$\left(\frac{\partial P}{\partial v}\right)_{T_{\mathrm{C}}}=0 \tag{3.9}$$

$$\left(\frac{\partial^2 P}{\partial v^2}\right)_{T_{\mathrm{C}}}=0 \tag{3.10}$$

表 3.1 に，代表的な物質の臨界点の値を示した。

3.2　2 成分系状態図

純物質の状態図は，P や T を独立変数として描かれたが，多成分系の場合には，さらに組成（成分の濃度）が，新たな変数として加えられる。数多くの変数から構成される空間を平面上に示すのは困難であるので，いくつかの変数の値を固定して図示することが一般的である。多くの場合，状態図の対象は大気圧下の固体や液体であるので，等圧下，特に 1 atm 下の状態図が用いられる。したがって，2 成分系では，温度－組成平面上に状態図が描かれる。

2 成分系状態図（binary phase diagram）はその形によって，① 全率固溶型状態図，② 共晶型状態図，③ 包晶型状態図，④ 偏晶型（2 液相分離型）状態図，の四つの基本形に分類され，実際の状態図は，これら基本形の組合せによって成り立っている。

3.2.1　溶液・溶体のギブスエネルギー線図

等温・等圧のもとでは，系はギブスエネルギーが減少する方向に自発的変化をするので，系のギブスエネルギーを評価することが状態図の基礎となる。

図 3.4 は，温度 T における A-B 2 成分系溶液 1 モルのギブスエネルギー $G_{\mathrm{A\text{-}B}}$ を，B のモル分率 x_{B} の関数として示した図である。式 (3.11) を等温・等圧下において x_{B} で微分すると，$x_{\mathrm{A}}+x_{\mathrm{B}}=1$ を用いて，式 (3.12) になる。

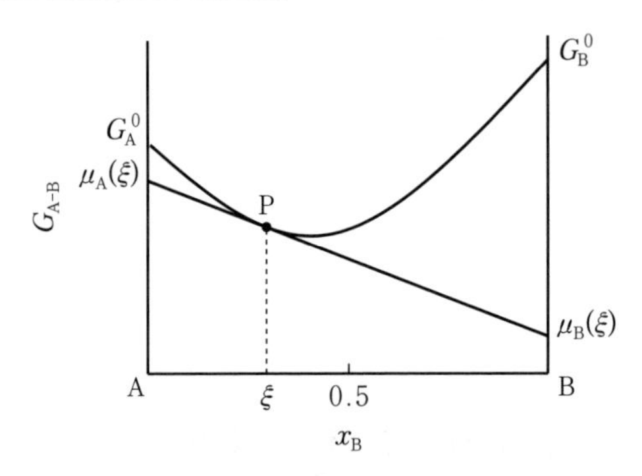

図 3.4　接線法による化学ポテンシャルの求め方

$$G_{A\text{-}B} = x_A\mu_A + x_B\mu_B \tag{3.11}$$

$$\left(\frac{\partial G_{A\text{-}B}}{\partial x_B}\right)_{T,P} = x_A\left(\frac{\partial \mu_A}{\partial x_B}\right)_{T,P} - \mu_A + x_B\left(\frac{\partial \mu_B}{\partial x_B}\right)_{T,P} + \mu_B \tag{3.12}$$

等温の A–B 2 成分系溶液にギブス－デュエムの式 (2.108) を適用すると

$$x_A d\mu_A + x_B d\mu_B = 0 \tag{3.13}$$

となる。したがって

$$\left(\frac{\partial G_{A\text{-}B}}{\partial x_B}\right)_{T,P} = \mu_B - \mu_A \tag{3.14}$$

一方，$x_B = \xi$ における接線の方程式は，式 (3.15) のようになる。

$$G_{A\text{-}B} - G_{A\text{-}B}(\xi) = \left(\frac{\partial G_{A\text{-}B}}{\partial x_B}\right)_{T,P}\Bigg|_{x_B=\xi}(x_B - \xi) \tag{3.15}$$

式 (3.11)，(3.14) を代入して整理すると，式 (3.16) が得られる。

$$G_{A\text{-}B} = \{\mu_B(\xi) - \mu_A(\xi)\}x_B + \mu_A(\xi) \tag{3.16}$$

式 (3.16) より，$x_B = \xi$ における接線の $x_B = 0$，$x_B = 1$ での値が，それぞれ $x_B = \xi$ における A と B の化学ポテンシャル $\mu_A(\xi)$，$\mu_B(\xi)$ を与える。このようにして，ギブスエネルギー曲線から，部分モル量に相当する化学ポテンシャルを求めることができる。この方法は，接線法と呼ばれる部分モル量の一般的な求め方であり，部分モル体積，部分モルエンタルピーなど，ほかの熱力学量の部分モル量についても適用できる。

図 3.5 は，A–B 2 成分系の 1 atm，温度 T_1 における α 相と β 相 1 モル当り

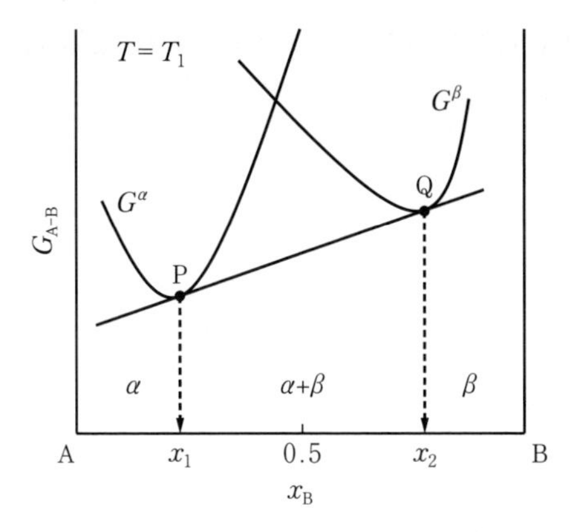

図 3.5　A-B 2 成分系ギブスエネルギー線図の例

のギブスエネルギー線図である。α 相と β 相が共存する温度域では，両者に対して共通接線を引くことができる。α 相のギブスエネルギー曲線との接点 P の組成を x_1，β 相の曲線との接点 Q の組成を x_2 とすると，それぞれの接点の組成における各成分の化学ポテンシャルは，二つの相で等しくなる。温度，圧力は両相とも等しく，各成分の化学ポテンシャルも等しいので，組成 x_1 の α 相と組成 x_2 の β 相は相平衡の条件を満たしている。x_1 と x_2 の間の組成では，共通接線で表される α 相と β 相が共存した場合のギブスエネルギーが単相の場合よりも低いので，2 相共存が実現する。

上述した操作によって温度 T_1 で平衡する二つの相の組成を求めることがで

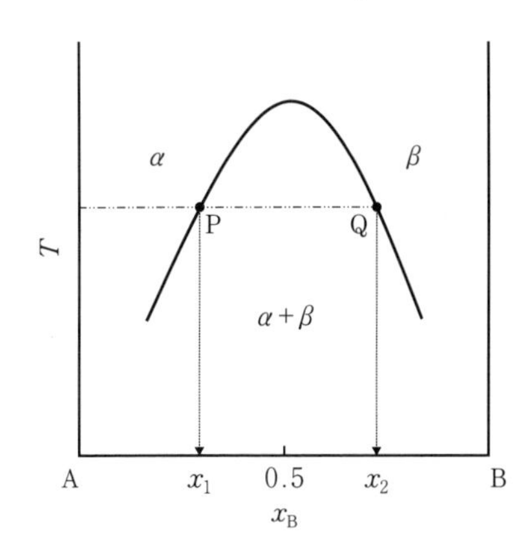

図 3.6　A-B 2成分系温度・組成状態図の例

きるので，この操作をさまざまな温度で実施すれば，**図 3.6** に示すような温度－組成状態図を得ることができる。

3.2.2　全率固溶型状態図

全率固溶型状態図（complete solid solution）は，液相・固相とも，全組成範囲で溶体を作るタイプの状態図である。**図 3.7** にその基本形を示す。組成 x_0 の均一な液相 ① を冷却して行くと，上の曲線に達した ② において α 相の固相が晶出する。この曲線を**液相線**（liquidus line）と呼ぶ。その後，冷却にともなって固相の割合が増加していく。さらに冷却を続けると，④ において下の曲線で示される**固相線**（liquidus line）に達し，液相は消滅してすべてが α 相になる。⑤ では，通常われわれが観察する固体が得られる。

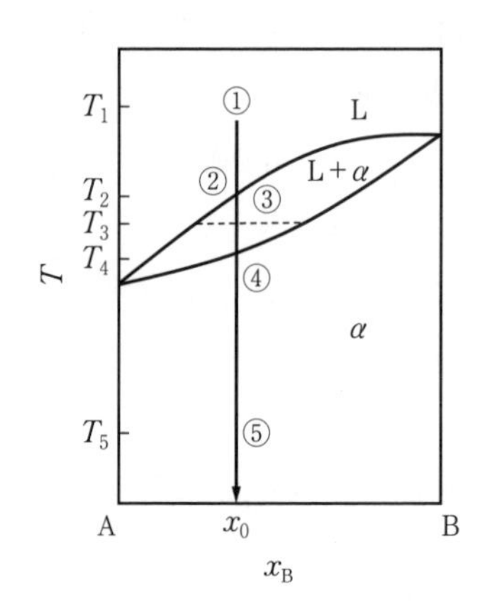

図 3.7　全率固溶型状態図

3.2.3　て こ の 法 則

図 3.8 は，温度 T_3 付近の図 3.7 の拡大図である。温度 T_3 においては，図の点 A の液相（組成 x_l）と点 B の固相（組成 x_s）の 2 相が平衡して共存する。このとき，平衡する 2 相の組成を結んだ線分 AB を，**共役線**（tie-line）と呼ぶ。組成 x_0 の均一な液相を冷却して，温度 T_3 に達したときの各相の割合を求めるには，**てこの法則**（lever rule）を用いるとよい。すなわち，AP の長さを a，PB の長さを b としたとき，点 P を支点としたてこを考える。このとき，

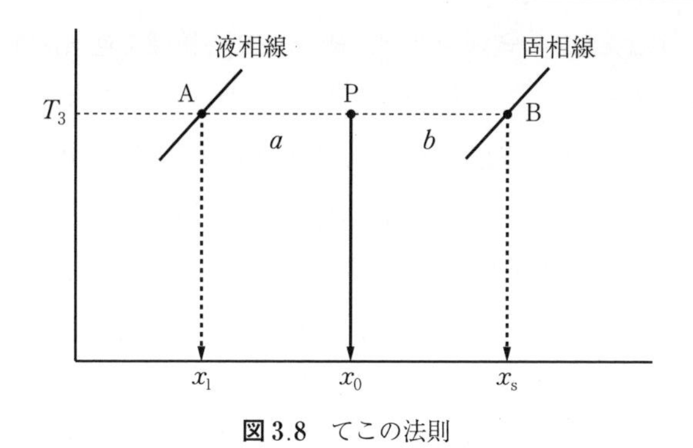

図 3.8　てこの法則

液相の割合と固相の割合をてこの両側につるした重りと考えれば，てこの釣合いの条件から，式 (3.17) によって，簡単に各相の割合を求めることができる。

$$\text{液相の割合} = \frac{b}{a+b}, \qquad \text{固相の割合} = \frac{a}{a+b} \tag{3.17}$$

3.2.4　共 晶 型 状 態 図

図 3.9 に**共晶型状態図**（eutectoid）の基本形を示した。この状態図の特徴は，均一液相の組成が図の等温線 QR の内側にある場合，**共晶温度**（eutectic temperature）T_E において，式 (3.18) で表される**共晶反応**（eutectic reaction）により，組成 x_E の液相から α と β の 2 相を同時に生成することである。図中の点 E を**共晶点**（eutectic point）と呼ぶ。この反応によって生じる組織は α 相と β 相が層状に析出した組織となり，一般に**共晶組織**（eutectic structure）

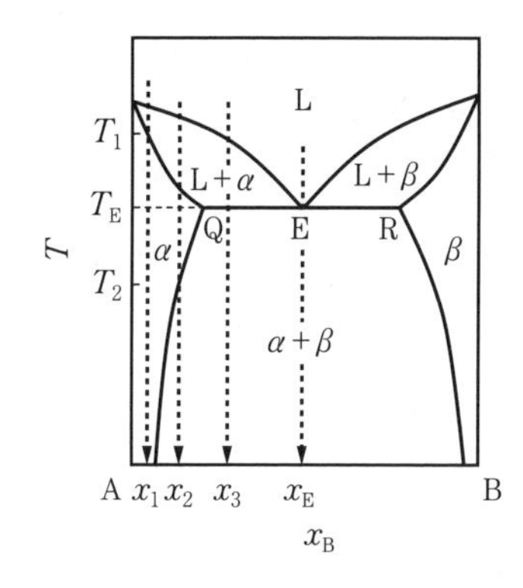

図 3.9　共晶型状態図

と呼ばれる。等温線QEの領域を亜共晶組成，ERの領域を過共晶組成ともいう。

$$\mathrm{L} \rightarrow \alpha + \beta \tag{3.18}$$

共晶反応においては，液相，α 相，β 相の3相が共存するので，等圧下においては自由度0である（等圧下の状態図なので，相律は $f=c+1-p$ になる）。したがって，共晶反応が進行している間は，温度が一定に保たれる。

組成 x_1 の場合には，液相線との交点で初晶 α を生成し，固相線との交点で液相は消滅して α 相のみの組織が得られる。組成 x_2 では，x_1 と同様に凝固が進行するが，$\alpha+\beta$ 共存域の境界線と交わると，α 相の一部が分解して β 相となり，最終的には α 相中に β 相が析出した組織が得られる。組成 x_3 の場合には，α 相を析出しつつ凝固が進行し，共晶温度 T_E において，点Eの組成の液相から，点Qの組成の α 相と点Rの組成の β 相が晶出する。最終的には，α 相を共晶組織が取り囲む組織となる。点Eの組成 x_E から出発した場合は，共晶組織のみが得られる。

均一な液体を連続的に冷却して行くと，時間とともに系の温度が変化していくが，これを図示したものを**連続冷却曲線**（continuous cooling curve）という。図3.9中の $x_1 \sim x_E$ の組成に対応した，定性的な連続冷却曲線を**図3.10**に示した。組成 x_1 では，固相の析出する範囲では**凝固潜熱**（latent heat）†を放出するため，連続冷却曲線の傾きは減少する。組成 x_2 では，凝固終了後さらに α 相の分

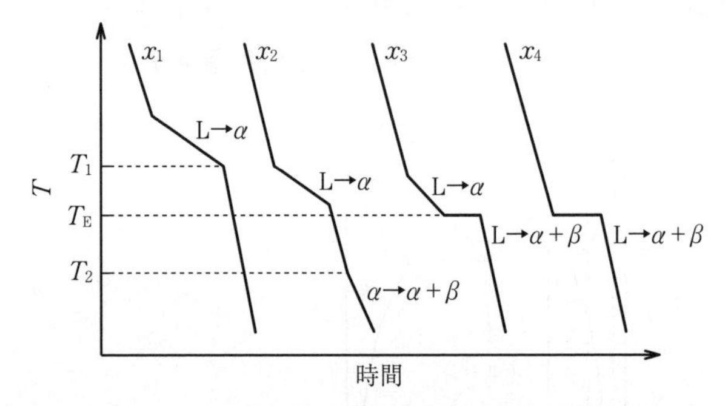

図3.10　図3.9の状態図における連続冷却曲線の模式図

† 凝固のエンタルピー変化の符号を変えたものに等しい。

解が進行するために，連続冷却曲線の傾きが少し変化する。x_3 では，共晶温度 T_E において共晶反応が進行するため，凝固終了まで一定温度に保たれる。最初の液相組成が x_E の場合には，T_E まで液相が保たれた後，共晶反応が進行する。

図 3.11 には，図 3.9 中の温度 T_1，T_E，T_2 に対応した，共晶型状態図のギブスエネルギー曲線を示した。図のように，液相と固相のギブスエネルギー曲線の共通接線の接点より，平衡する相とその組成が与えられる。共晶温度では，三つのギブスエネルギー曲線に 1 本の共通接線が引け，それぞれの接点の組成を持つ三つの相が平衡することがわかる。

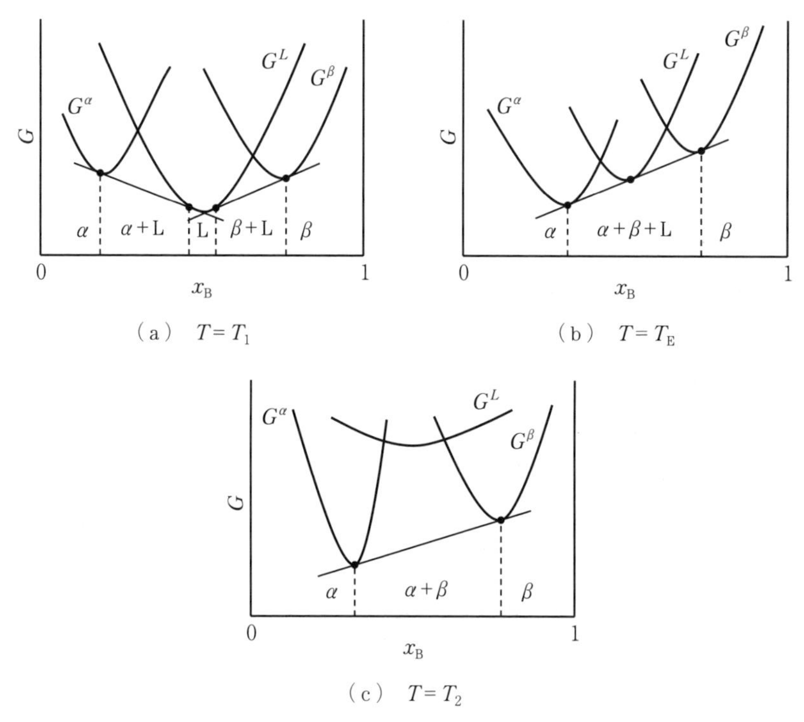

図 3.11　図 3.9 のギブスエネルギー線図

3.2.5　包晶型状態図

図 3.12 に，**包晶型状態図**（peritectoid）の例を示した。均一液相が**包晶点**

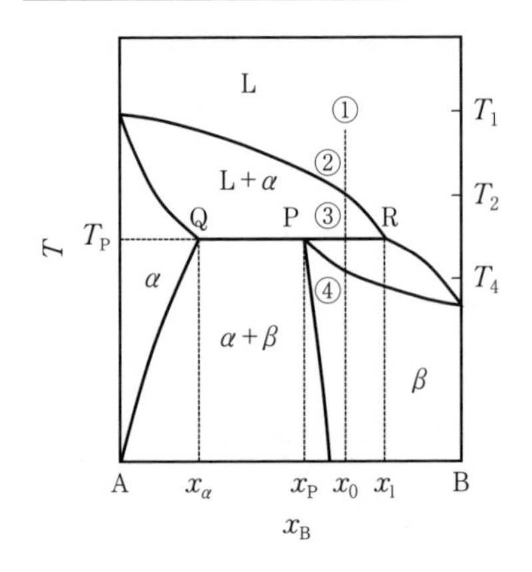

図 3.12　包晶型状態図

(peritectic point) P の組成 x_P までは，前述した共晶型と同様の挙動をするが，組成が図の等温線 QR の内側にある場合には，包晶温度 T_P において式 (3.19) の反応が起き，組成 x_α の α 相と組成 x_l の液相とが反応して，組成 x_P の β 相を生成する。

$$\alpha + \mathrm{L} \rightarrow \beta \tag{3.19}$$

液相の組成が等温線 QP の内側にある場合には，冷却にともなって α 相の初晶を晶出する。その後，包晶温度 T_P において α 相と液相との反応により β 相を生成し，$\alpha+\beta$ の組織が得られる。包晶点においては，α，β，液相の 3 相が共存するため，等圧下では自由度は 0 となる。したがって，包晶反応が進行している間は，系は一定温度 T_P に保たれる。

一方，等温線 PR の内側にある組成 x_0 の液相を温度 T_1（①）から冷却すると，温度 T_2 で液相線に達し，初晶 α を生成する（②)。その後，温度 T_P になると，包晶反応によって，組成 x_α の α 相が液相と反応して組成 x_P の β 相を生成する（③)。その結果，β 相と液相との共存状態となり，冷却にともなって，温度 T_4 まで β 相の晶出が続き（④)，すべて β 相となる。

包晶反応においては，α 相の結晶の周縁から液相と反応して β 相が生成するので，β 相が α 相を包み込んだ構造をとりやすい。包晶という名はこの構造に由来している。

3.2.6　偏晶型状態図

図 3.13 に偏晶型（2 液相分離型）状態図（monotectoid）の例を示した。二つの液相（L_1，L_2）に分離する領域が存在することがわかる。温度 T_M において，式 (3.20) の反応が起きる。これは，共晶反応（3.18）における固相の一方が液相になっていると考えることができ，一つしか結晶が生成しないことがその名前の由来となっている。

$$L_1 \rightarrow L_2 + \alpha \tag{3.20}$$

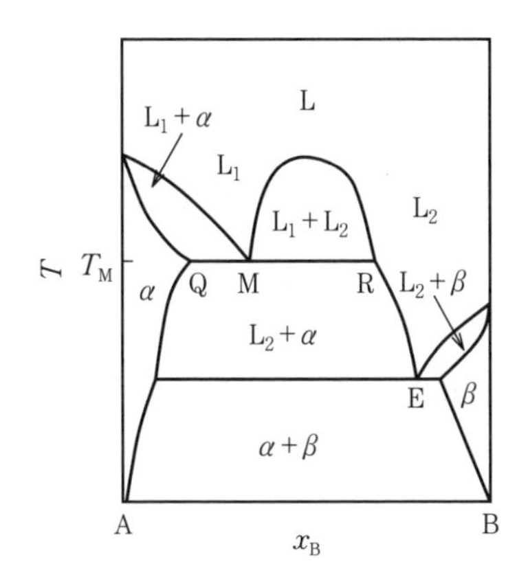

図 3.13　偏晶型状態図

偏晶型状態図での凝固過程は，共晶型に類似しているが，偏晶反応で生成した液相 L_2 はさらなる冷却により，例えば図 3.13 では，右下の共晶点 E において共晶反応を起こす。

3.2.7　化合物を含む状態図

合金系の状態図では，多くの場合固溶体を形成するが，セラミックス系の状態図では，化合物を形成する場合が多い。**図 3.14** は，化合物 D を含み，固溶体を形成しない A–B 2 成分系状態図である。A–D 系および D–B 系の二つの共晶型状態図を連結した形をしている。化合物 D は，温度 T_D で溶解し，同じ組成の液相となるので，**合致溶融化合物**（congruent melting compound，英語のほうを使う場合が多い）と呼ばれる。

この系の温度 T_0 におけるギブスエネルギー線図を，**図 3.15** に示した。固相

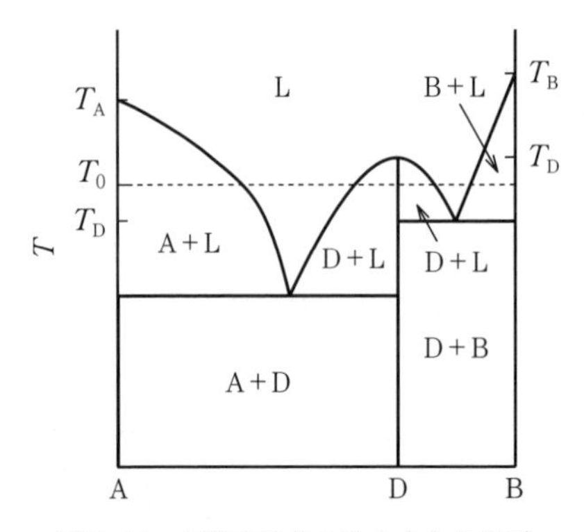

図 3.14　合致融解化合物を含む共晶系

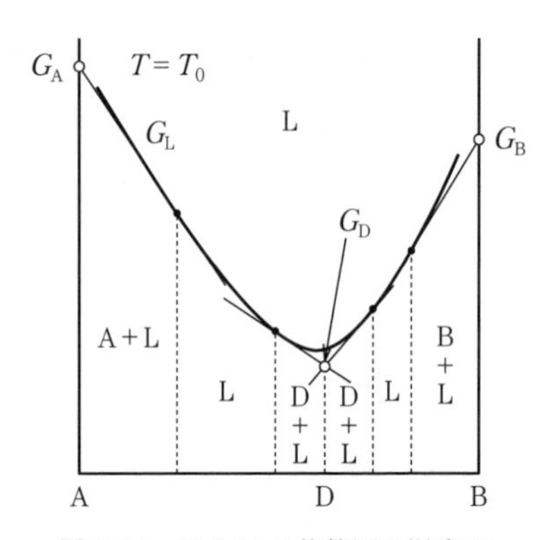

図 3.15　図 3.14 の状態図の温度 T_0 におけるギブスエネルギー線図

A，B，D のギブスエネルギーは，固溶体のような曲線ではなく，点（図中の白丸）として与えられる。したがって，これらの点から液相のギブスエネルギー曲線に接線を引くことによって，それぞれの相の存在領域を求めることができる。

合致溶融化合物とは反対に，ある温度で自身とは異なった組成の固相と液相に分解する化合物が存在し，これを**分解溶融化合物**（incongruent melting compound）という。**図 3.16** には，分解溶融化合物が存在する状態図の例を示した。化合物 D は，温度 T_D において点 Q の組成の液相と，固相 B とに分解する。等温線 QR の範囲内の組成を持つ液相を冷却すると，温度 T_D で液相と B の結晶とが反応して化合物 D を生成する包晶反応が起きる。

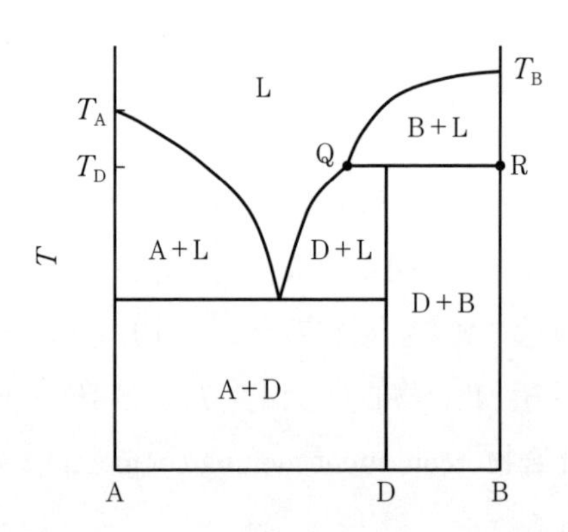

図 3.16　分解溶融化合物を含む共晶系

3.3　3 成分系状態図

3.3.1　組成の求め方

A–B–C **3 成分系状態図**（ternary phase diagram）は，**図 3.17** に示すように，三つの 2 元系状態図を側面とする正三角柱で表現することができる。しかし，実際に状態図を正確に読み取るためには，2 次元で表示されていることが望ましい。3 成分系の 2 次元表示として一般的に，正三角柱の等温断面図を表示する方法と，液相面（初晶の晶出面）の等温線を，底面に投影して示す方法（液相面投影図）の 2 通りがある[4]。いずれにしても得られる状態図は A，B，C を頂点とする正三角形であり，ここから必要な情報を読み取らなければならない。

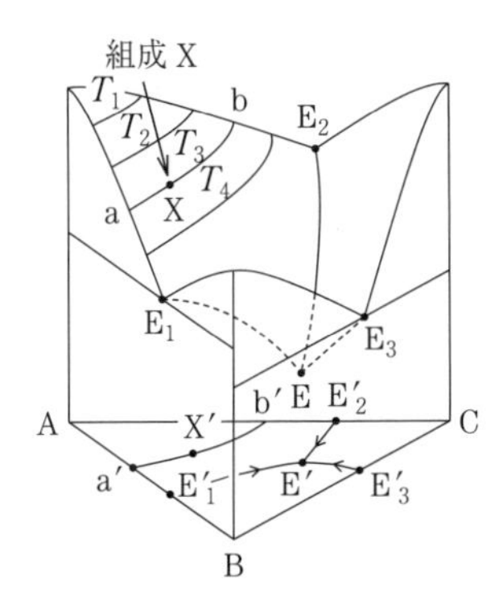

図 3.17　A–B–C 3 成分系状態図の立体図

一般にこの正三角形（ギブスの三角形と呼ぶ場合もある）で表示される 3 成分系状態図から組成を読み取るには，組成点（**図 3.18**（a）中の黒丸）から各辺に垂線を引くか，図（a）に示したように，組成点を通る各辺への平行線を引く方法がある。後者の場合には，図中の x_{A}，x_{B}，x_{C} が各成分のモル分率になる。図（b）において，辺 BC に平行な直線 s（一点鎖線）は成分 A の濃度が一定であり，その値は Cs の長さで表される。また，頂点 A から対辺 BC に引いた直線 At 上では，成分 B と成分 C の比は，Bt：Ct で一定である。

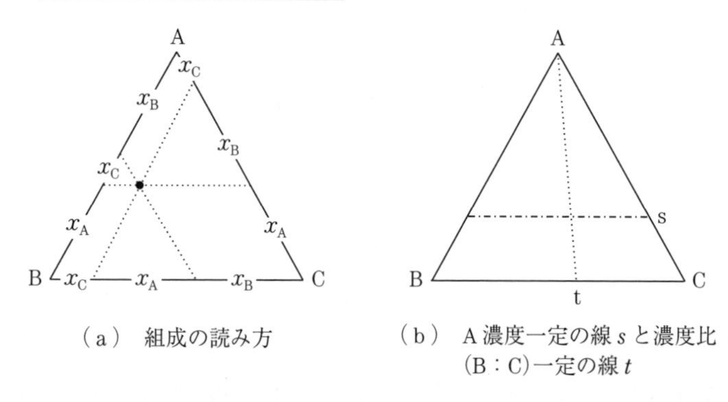

（a）組成の読み方

（b）A 濃度一定の線 s と濃度比（B：C）一定の線 t

図 3.18 ギブスの三角形の使い方

3.3.2 等温断面図と液相面投影図

3 成分系状態図の等温断面図の一例を**図 3.19** に示す。図の 2 相共存領域の直線は共存する二つの相の対応関係を示しており，2 成分系状態図の場合と同様に共役線と呼ばれる。この共役線を用いれば，てこの法則によって，おのおのの相の存在比を求めることができる。

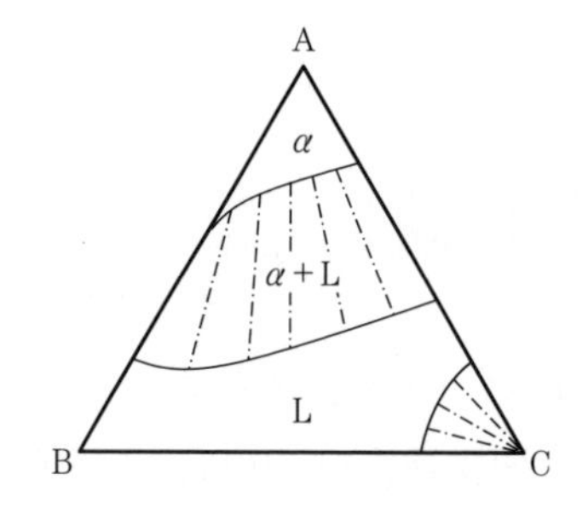

図 3.19 図 3.17 において初晶 A が固溶体 α になった場合の等温断面図の例

先に示した図 3.17 の三角柱は，固溶体を形成しない共晶系についての状態図であるが，点 E_1，E_2，E_3 はそれぞれ A–B，A–C，B–C 2 成分系の共晶点，E は 3 元共晶点である。点 E においては，液相と固相の A，B，C の四つの相が共存する。圧力一定下での自由度 f を計算すると，成分数は 3 であるので，点 E では $f=3+1-4=0$ となる。2 成分系の共晶点と 3 元共晶点を結んだ曲線は，共晶の谷と呼ばれ，この線上では二つの固相と液相が共存するので，自由度は

1 になる。また，図で山の斜面のように見える部分は，液相面（初晶晶出面）であり，この面の上では固相と液相が共存するので，自由度は 2 となる。三角柱の高さは温度を表しているので，地図の等高線のような線は等温線である。例えば，曲線 ab は温度 T_3 の等温線を表している。底面の正三角形上に各点を投影することによって，液相面投影図を得ることができる。投影された点には，記号にプライム（′）を付けて示した。**図 3.20** は，液相面投影図を取り出して示したものである。ここで，組成 X の液相を冷却した場合の共存相の変化について考えてみよう。まず，温度 T_3 において，液相面上の等温線 ab 上の点 X で初晶 A を晶出する。図 3.20 に示した投影面においては，等温線は直線 a′b′ で表される。さらに温度を下げていくと，液相の組成は A–X′ の延長線上をたどって変化し，点 X″ に至る。ここで，B 相の晶出が始まり，液相は成分 A，B を晶出しながら，矢印の方向に共晶の谷 $E_1'E'$ を通って E′ に達する。点 E′ において共晶反応が起こり，液相から固相の A，B，C を晶出して最終凝固する。

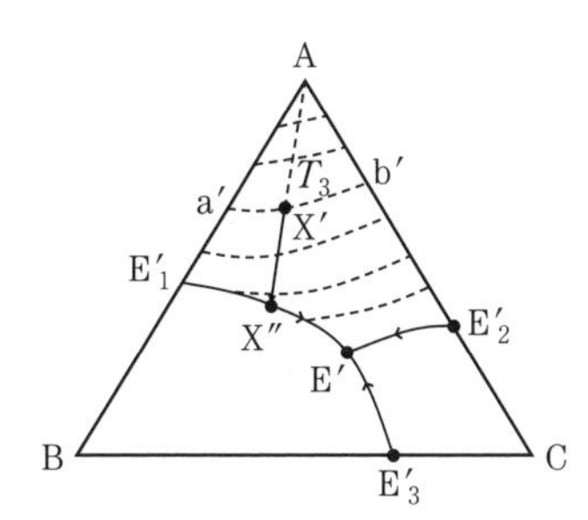

図 3.20　3 成分共晶系の液相面投影図

3.3.3　アルケマイド原理

図 3.21（a）は，二つの化合物を有する 3 成分系状態図であり，図中の境界線は，それぞれ初晶として純粋物質 A，B，C，成分 B と C からなる化合物 BC，3 成分からなる化合物 D が晶出する領域を示している。このとき，隣接している初晶面の境界線を隔てて，初晶どうし，すなわち A，B，C，BC，D の各点をたがいに結んだ線を**アルケマイド線**（Arkemade line）と呼び，つぎ

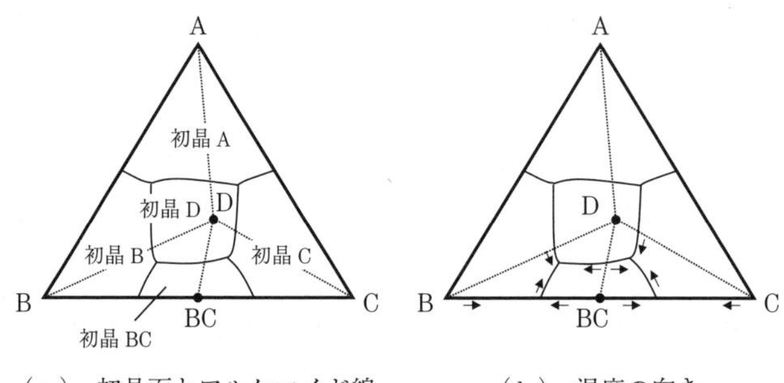

（a） 初晶面とアルケマイド線　　（b） 温度の向き

図 3.21　アルケマイド原理

のような**アルケマイド原理**（Arkemade principle）が成立する[4),5)]。

●アルケマイド原理：アルケマイド線が横切る初晶面の境界線上では，その交点でその境界線の温度が最高になり，アルケマイド線上では，その交点で温度が最低となる。

また，3本のアルケマイド線で囲まれた三角形は，組成三角形（構成物三角形）と呼ばれ，その領域内の液相からは，組成三角形の頂点の物質の結晶混合相が生成する。

図 3.21（a）において，BC の初晶領域に対応する化合物がない場合には，包晶反応が生じていると考えることができる。このとき B–C 系は，包晶型状態図になる（章末問題【3.4】を参照）。

各相境界線に対して，前述のアルケマイド原理を適用すれば，境界線の温度がどちらに向かって降下しているかを容易に知ることができる。これを矢印で図示したものが図（b）である。各初晶面がどの組成に向かって傾斜しているかを容易に理解することができよう。なお，図の一部にしか矢印を入れてないので，ほかの部分については各自試みられたい。

3.3.4　冷却にともなう共存相の変化の経路

図 3.22 に冷却にともなう液相の組成変化と共存相の変化の経路を示した。まず，左の ① の組成の融液は，B が初晶として晶出する領域に属しているので，B と ① とを結ぶ線上を，B を晶出しながら ② まで移動する。その後，B

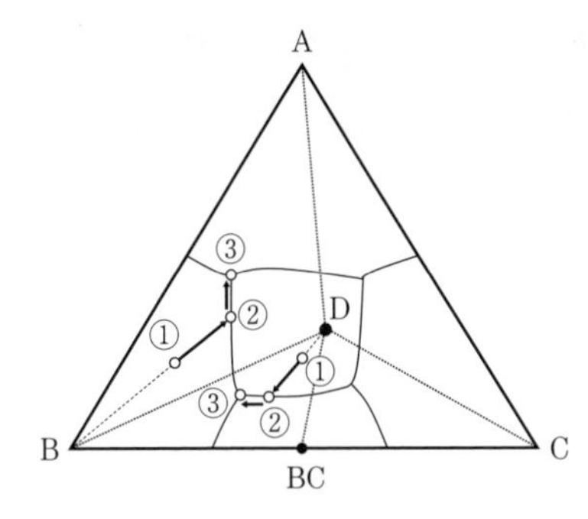

図 3.22　冷却にともなう共存相の変化の経路

と化合物 D を晶出しながら共晶の谷に沿って ③ まで移動し，この点で最終凝固するとともに，A，B，D からなる結晶混合相となる。

中央の ① の組成の融液は，化合物 D が初晶として晶出する領域に属しているので，D と①とを結ぶ線上を，化合物 D を晶出しながら ② まで移動する。その後，化合物 BC，D を晶出しながら共晶の谷に沿って ③ まで移動し，この点で最終凝固するとともに，B，BC，D からなる結晶混合相となる。

3.4　化学ポテンシャル状態図

先に状態図は，物質が安定に存在する領域を示強性変数の空間表示したものであるという定義を述べた。温度，圧力，組成のほか，化学ポテンシャルも系の示強性変数であるので，これを用いて状態図を描くことができる。これを一般に化学ポテンシャル状態図[6]といい，電気化学で用いられる**電位－pH 図**（Pourbaix diagram）なども化学ポテンシャル状態図の一つである。

3.4.1　エリンガム図

元素 M が 1 モルの O_2 ガスと反応し，酸化物 M_mO_n を生成する反応は，m，n を整数として，式 (3.21) で表される。

$$\frac{2m}{n}\mathrm{M}+\mathrm{O_2}=\frac{2}{n}\mathrm{M}_m\mathrm{O}_n \tag{3.21}$$

式 (3.21) の反応の標準ギブスエネルギー変化を ΔG^0 としたとき，さまざま

な物質についての ΔG^0 と温度 T との関係を示したものが，**図 3.23 のエリンガム図**（Ellingham diagram）である。図中の点 M は融点を，点 B は沸点を表している。

式 (3.21) の反応が平衡にある場合，式 (3.22) が成り立つ。

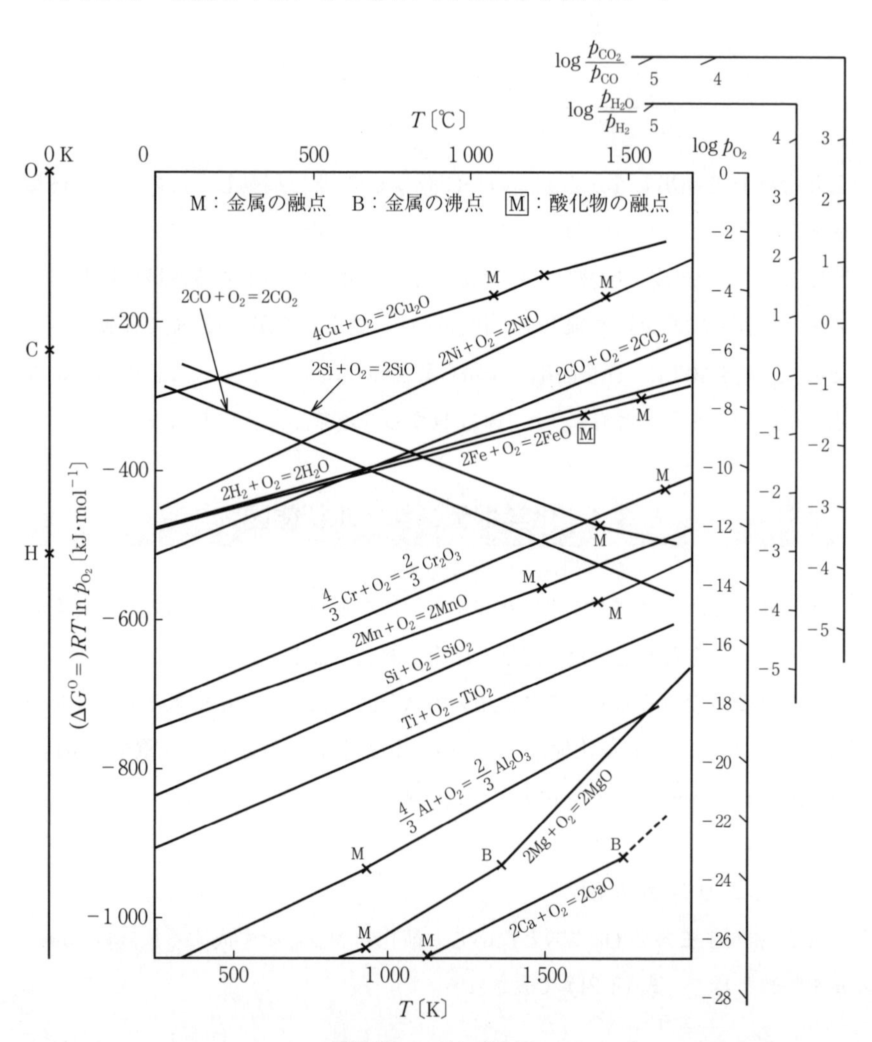

図 3.23　エリンガム図

$$\Delta G^0 = -RT \ln \frac{a_{\mathrm{M}_m\mathrm{O}_n}^{\frac{2}{n}}}{a_{\mathrm{M}}^{\frac{2m}{n}} p_{\mathrm{O}_2}} \tag{3.22}$$

ここで，M と M_mO_n がともに標準状態にあるとすれば，それぞれの活量は 1 になるので，式 (3.23) となる。

$$\Delta G^0 = RT \ln p_{\mathrm{O}_2} \tag{3.23}$$

O_2 ガスを理想気体で近似し，標準状態を 1 atm にとれば，O_2 ガスの化学ポテンシャル μ_{O_2} は式 (3.24) で与えられる。

$$\mu_{\mathrm{O}_2} = RT \ln p_{\mathrm{O}_2} \tag{3.24}$$

以上から，図 3.23 のエリンガム図の縦軸は，式 (3.21) の反応の標準ギブスエネルギー変化を示すのと同時に，標準状態にある M と M_mO_n と平衡する O_2 ガスの化学ポテンシャルを表していることがわかる。したがって，エリンガム図は化学ポテンシャル状態図の一つである。

エリンガム図中のほとんどの直線は，ほぼ同じ傾きを持った右上がりの直線であることがわかる。反応の標準エンタルピー変化 ΔH^0 と標準エントロピー変化 ΔS^0 の温度依存性が小さく，ほぼ定数と考えることができるとすれば，式 (3.25) から，直線の傾きは反応の標準エントロピー変化と考えることができる。

$$\Delta G^0 = \Delta H^0 - T\Delta S^0 \tag{3.25}$$

式 (3.21) の反応では，凝縮相の M と気相である 1 モルの O_2 が消滅し，凝縮相の M_mO_n を生成する。凝縮相に比べて，気相のエントロピーははるかに大きいので，式 (3.25) 中の ΔS^0 は，O_2 ガス 1 モルのエントロピー減少分に相当すると考えられる。その結果，直線の傾きは元素 M によらずほぼ等しい正の値となる[7)]。図 3.23 中の右下がりの直線は，1 モルの気相が消滅して 2 モルの気相を生成する反応であるので，ΔS^0 は正味 1 モルの気相のエントロピー増加に等しい。したがって直線の傾きの絶対値は同じで符号が負となる。

エリンガム図では，下方にある元素ほど酸素との親和力が大きく，酸化されやすい。したがって，下のほうの金属を還元剤として，上のほうの金属酸化物を還元することができる。金属酸化物を金属アルミニウムで還元する**テルミッ**

ト反応（thermit reaction）は，そのよく知られた例である。

エリンガム図中の任意の点Pにおけるp_{O_2}の値は，図左端の軸上の点Oと点Pとを結んだ直線を外挿し，図の外側にある$\log p_{O_2}$と書かれた軸との交点を求めることによって与えられる†。また，同じp_{O_2}の値を与える混合ガスの組成は，CO-CO_2混合ガスの場合には，点Cと点Pとを結んだ直線と$\log p_{CO_2}/p_{CO}$と書かれた軸，H_2-H_2O混合ガスの場合には，点Hと点Pとを結んだ直線と$\log p_{H_2O}/p_{H_2}$と書かれた軸を用いて，同様の方法によって求めることができる。これらの混合ガスは，緩衝作用によって系の酸素分圧を一定に保つことができるので，広く実験に用いられている。

3.4.2　化学ポテンシャル状態図の作図法

シリコンの窒化物と酸化物を例にして，化学ポテンシャル状態図を作成してみよう。等温系ではRTは共通なので，N_2ガスとO_2ガスの化学ポテンシャルを$\log p_{N_2}$と$\log p_{O_2}$としてよい。この二つの変数を用いて，シリコン化合物の安定領域を図示することができる。安定化合物はSi(s)，Si_3N_4(s)，SiO_2(s)なので，それぞれの相境界を計算する。

Si(s)-Si_3N_4(s)の相境界を求めるには，式(3.26)の反応を考える。

$$3\mathrm{Si(s)} + 2\mathrm{N_2(g)} = \mathrm{Si_3N_4(s)} \tag{3.26}$$

このとき，二つの固相の物質が標準状態であるとすると，活量は1となるので，相境界は式(3.27)で表される。ここで，$K_{(3.26)}$は，式(3.26)で示された反応の平衡定数であり，Si_3N_4(s)の標準生成ギブスエネルギー変化から求めることができる。

$$\ln p_{N_2} = -\frac{1}{2}\ln K_{(3.26)} \tag{3.27}$$

Si(s)−SiO_2(s)の境界も同様にして，式(3.29)で与えられる。

$$\mathrm{Si(s)} + \mathrm{O_2(g)} = \mathrm{SiO_2(s)} \tag{3.28}$$

$$\ln p_{O_2} = -\ln K_{(3.28)} \tag{3.29}$$

---

†　点Pは図3.23中には示していない。

$Si_3N_4(s) - SiO_2(s)$ の境界は，式 (3.30) の反応を考えることにより，式 (3.31) で求められる。

$$3SiO_2(s) + 2N_2(g) = Si_3N_4(s) + 3O_2(g) \tag{3.30}$$

$$\ln p_{N_2} = \frac{3}{2} \ln p_{O_2} - \frac{1}{2} \ln K_{(3.30)} \tag{3.31}$$

なお，$K_{(3.30)}$ は式 (3.32) で計算できる。

$$\ln K_{(3.30)} = \ln K_{(3.26)} - 3 \ln K_{(3.28)} \tag{3.32}$$

以上の三つの相境界を計算で求めることにより，安定領域を図示することができる。**図 3.24** に，**付表 3** のデータを用いて 1 500 K における計算した結果を示す。さまざまな温度について，各自で作図を試みられたい。

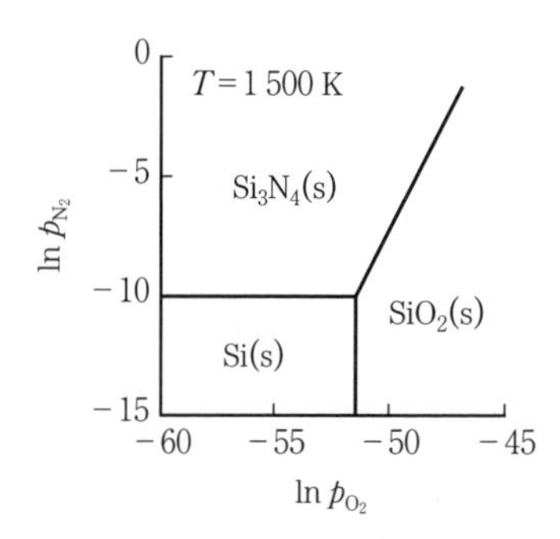

図 3.24　Si–O–N 系の化学ポテンシャル状態図

3.5 相　転　移

物質がある相から別の相に変化することを**相転移** (phase transition) という。エーレンフェスト (Ehrenfest) は，相転移を化学ポテンシャルの挙動に着目して，1 次相転移と高次相転移を提唱した (詳しい解説は，本章末の文献 8) を参照)。

3.5.1 1 次 相 転 移

α 相から β 相への相転移において，ギブスエネルギーの 1 次導関数が不連続になるものを，**1次相転移**（first-order phase transition）と呼ぶ。相転移温度 T_t におけるギブスエネルギーの1次偏導関数を求めると

$$\left(\frac{\partial G^{\beta}}{\partial P}\right)_T - \left(\frac{\partial G^{\alpha}}{\partial P}\right)_T = v^{\beta} - v^{\alpha} = \Delta v_t \tag{3.33}$$

$$\left(\frac{\partial G^{\beta}}{\partial T}\right)_P - \left(\frac{\partial G^{\alpha}}{\partial T}\right)_P = -S^{\beta} + S^{\alpha} = -\Delta S_t = -\frac{\Delta H_t}{T_t} \tag{3.34}$$

となる。ここで，Δv_t，ΔS_t，ΔH_t は，相転移にともなうモル体積，モルエントロピー，モルエンタルピー変化である。1次相転移にともなうさまざまな物理量の変化を**図3.25**に示した。1次相転移には，気体－液体転移，液体－固体転移，結晶の多形転移，金属・絶縁体転移（モット（Mott）転移）などが挙げられる。1次相転移にともなう，さまざまな物理量の変化を図3.25（a）～（d）に示した。

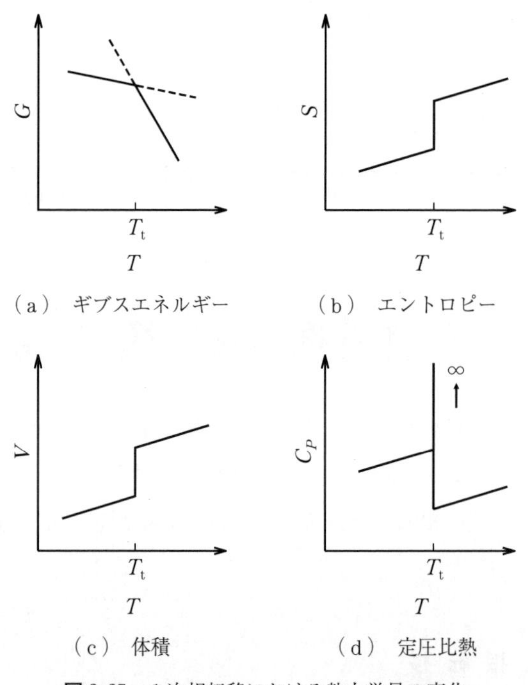

（a） ギブスエネルギー　（b） エントロピー

（c） 体積　（d） 定圧比熱

図3.25　1次相転移における熱力学量の変化

3.5.2 高次相転移

エーレンフェストによれば，n 次相転移ではギブスエネルギーの $n-1$ 次微分までが連続で n 次微分が不連続となる。$n=2$ の場合は 2 次相転移と呼ばれ，ギブスエネルギーの 2 次微分が不連続，すなわちエントロピーの 1 次微分が不連続となる。

エントロピーと定圧比熱との関係は式 (3.35) で表すことができる（定圧比熱の定義式 (2.25) に，式 (2.87) を代入すると得られる）ので，相転移にともなうギブスエネルギーの 2 階導関数の変化は式 (3.36) で与えられる。

$$C_P=\left(\frac{\partial S}{\partial T}\right)_P \tag{3.35}$$

$$\left(\frac{\partial^2 G^\beta}{\partial T^2}\right)_P-\left(\frac{\partial^2 G^\alpha}{\partial T^2}\right)_P=-\left(\frac{\partial S^\beta}{\partial T}\right)_P+\left(\frac{\partial S^\alpha}{\partial T}\right)_P=-\Delta C_P \tag{3.36}$$

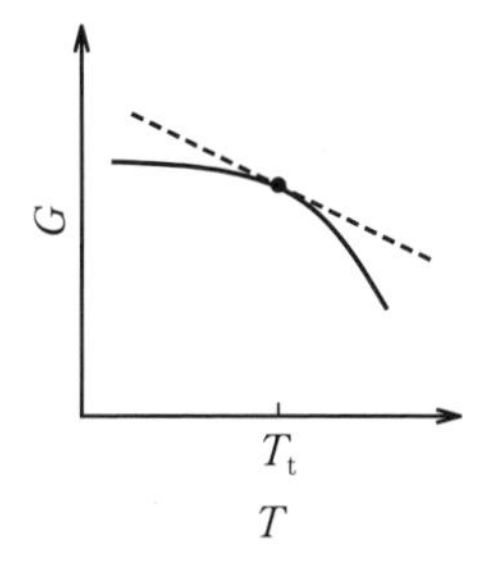

（a） 2 次相転移における
ギブスエネルギー

（b） 2 次相転移における
エントロピー

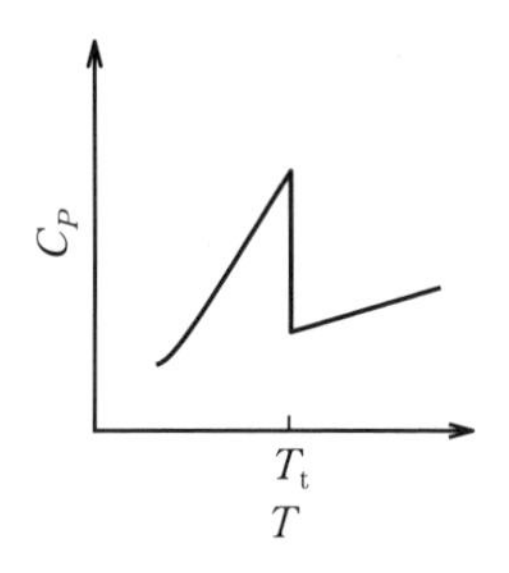

（c） 2 次相転移における
定圧比熱

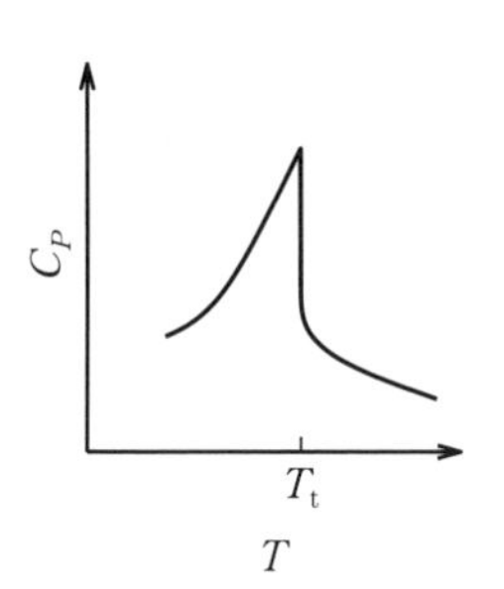

（d） ラムダ転移における
定圧比熱

図 3.26　高次相転移における熱力学量の変化

2次相転移にともなうさまざまな物理量の変化を**図3.26**（a）～（c）に示した。

高次相転移の例としては，分子性結晶の回転転移，合金の秩序・無秩序転移，強誘電体の相転移，強磁性・反強磁性などの磁気的相転移，液体ヘリウムのラムダ転移，超伝導体の相転移などがある。ラムダ転移における定圧比熱の変化を図（d）に示した。

3.5.3　スピノーダル分解

スピノーダル分解（spinodal decomposition）は，金属，ガラス，混晶半導体，セラミックス，高分子材料など，さまざまな材料に見られるゆらぎに起因した相分離現象で，工業的な応用も多岐にわたっている。ここでは，スピノーダル分解について熱力学的に解説する。

図3.27は，スピノーダル分解を生ずるA-B 2成分系のギブスエネルギー線図と状態図を模式的に示したものである。図（a）のように，温度 T_1 において，系のギブスエネルギーが組成 x_B の連続関数として表されるとき，共通接線の接点Pの左側では α 相が，Qの右側では β 相が安定となり，点PとQの間の組成では，均一相から $\alpha+\beta$ の相分離が起きる。ここで，曲線の変曲点R，Sの内側の組成では，ギブスエネルギー曲線が上に凸になっているので

$$\left(\frac{\partial^2 G}{\partial x_B^2}\right)_{T,P} < 0 \tag{3.37}$$

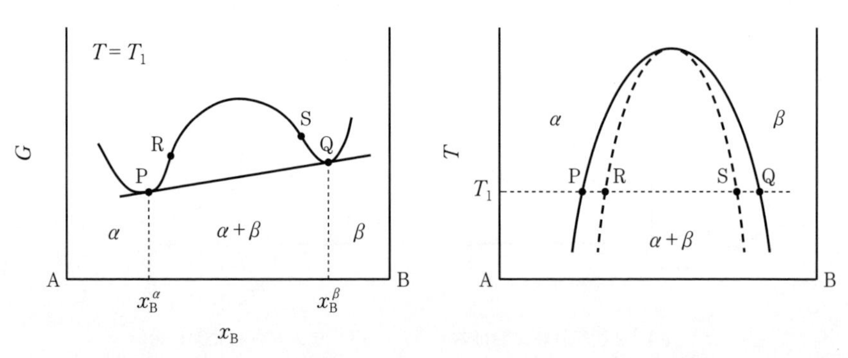

（a）　ギブスエネルギー線図　　　（b）　状態図

図3.27　スピノーダル分解の説明図

となる。ギブスエネルギーの微分を化学ポテンシャルで書き直すと，式 (3.38) が得られる。

$$\left(\frac{\partial \mu_{\mathrm{B}}}{\partial x_{\mathrm{B}}}\right)_{T,P} < 0 \tag{3.38}$$

式 (3.38) によれば，成分 B の濃度が増加すると B 自体の化学ポテンシャルが減少することがわかる。第2章で述べたように，物質の移動は化学ポテンシャルの高いほうから低いほうに向かって起きるので，式 (3.38) は，低濃度の領域から高濃度の領域に物質が移動することを表している（この現象は第 4 章で詳述するように，上り坂拡散と呼ばれている）。したがって，変曲点 R, S の内側の組成では，微少な濃度のゆらぎから相分解が始まって連続的に濃度変化が大きくなり，最終安定組成である点 P の α 相と点 Q の β 相に達する。この相分離挙動をスピノーダル分解と呼ぶ。各温度において，接点および変曲点の位置が定まるので，その軌跡をそれぞれ実線と破線で結ぶと，図 3.27 (b) の状態図が得られる。図中の破線は**スピノーダル曲線** (spinodal curve) と呼ばれ，その内側で

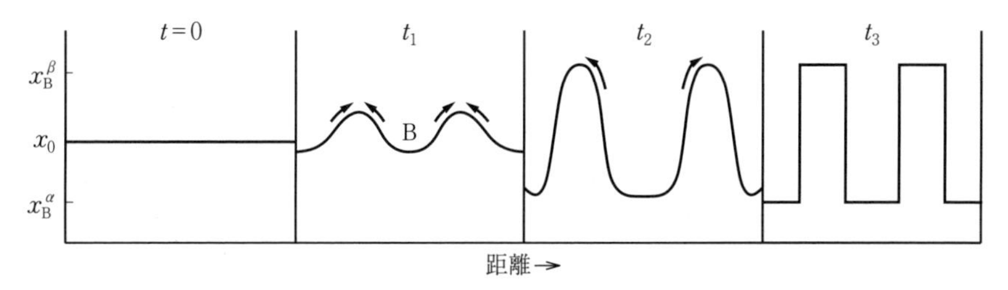

（a） スピノーダル分解

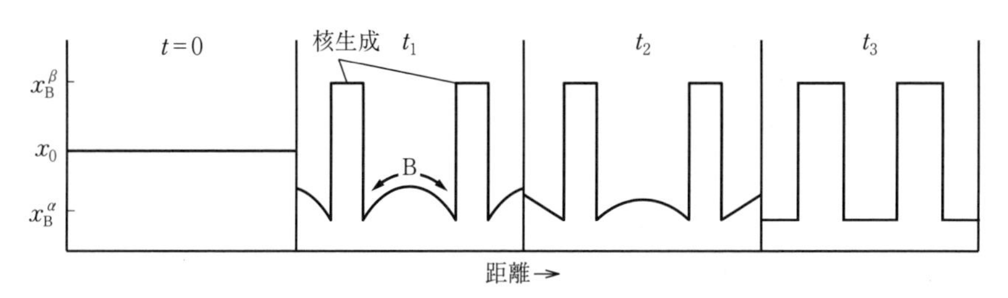

（b） 通常の相分離

図 3.28　スピノーダル分解と通常の相分離の挙動

はスピノーダル分解が起きる。また，実線は**バイノーダル線**（binodal curve）と呼ばれ，実線と破線で囲まれた領域では，通常の核生成・核成長が観察される。

図 3.28 には，成分 A，B の濃度変化を模式的に示した。図（a）のスピノーダル分解では，上り坂拡散によって濃度ゆらぎが時間とともに大きくなり，最終的に α と β の 2 相に分離する。一方，図（b）に示した一般の相分離では，まず β 相の核生成が起こり，その後，通常の拡散によって β 相が時間とともに成長していく。スピノーダル分解の挙動は，カーン（Cahn）とヒリアード（Hilliard）により，数学的に記述されている[9)]。

章末問題

【3.1】 以下のデータを用いて，2 000 atm の圧力下における氷の融点を求めよ。

氷の融解熱：$\Delta H_f = 6.01 \times 10^3\ \mathrm{J \cdot mol^{-1}}$

水と氷のモル体積：$v_{\mathrm{ice}} = 19.6 \times 10^{-6}$，$v_{\mathrm{water}} = 18.0 \times 10^{-6}\ \mathrm{m^3 \cdot mol^{-1}}$

ただし，$1\ \mathrm{atm} = 1.01 \times 10^5\ \mathrm{Pa}$ とする。

【3.2】 **問図 3.1** は，Mg-Si 系状態図である。以下の問に答えよ。

（1） $x_{\mathrm{Si}} = 0.8$ のとき，800 ℃，1 200 ℃において平衡する相の存在割合を求めよ。

（2） $x_{\mathrm{Si}} = 0.7$ の組成の融液を，1 400 ℃から 700 ℃まで冷却した場合の連続冷却曲線を描け。

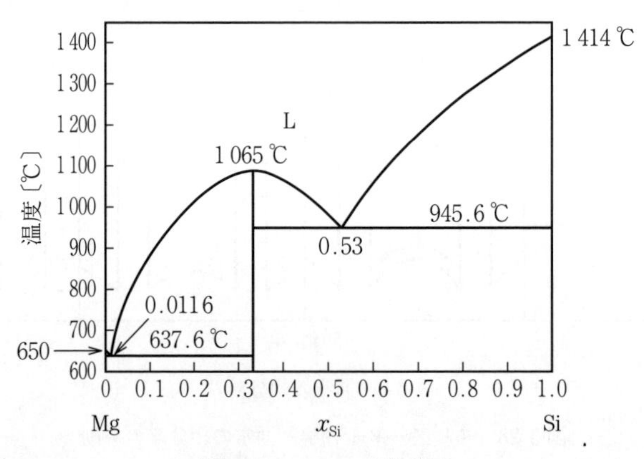

問図 3.1　Mg-Si 系状態図

【3.3】 **問図 3.2** は，CaO–SiO_2–Al_2O_3 3 成分系状態図である。以下の問に答えよ。

（1） 点 P および点 Q の組成を示せ。（単位は mass% である）

（2） 点 P および点 Q の溶液を冷却するとき，初晶とその析出する温度は何℃か。

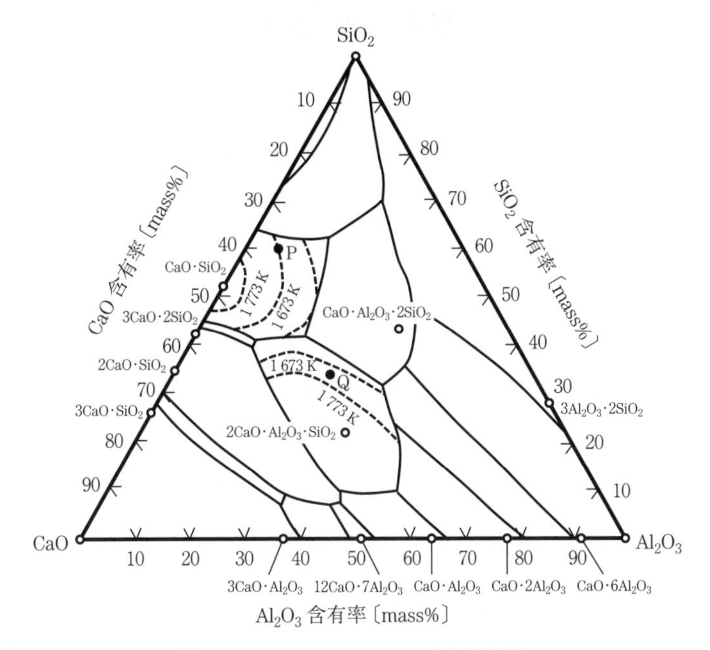

問図 3.2　CaO–SiO_2–Al_2O_3 3 成分系状態図

【3.4】 **問図 3.3** は，A–B–C 3 成分系状態図である。以下の問に答えよ。

（1） 点 P および点 Q の液体の凝固過程を示せ。

（2） 点 R の液体の凝固過程を示せ。

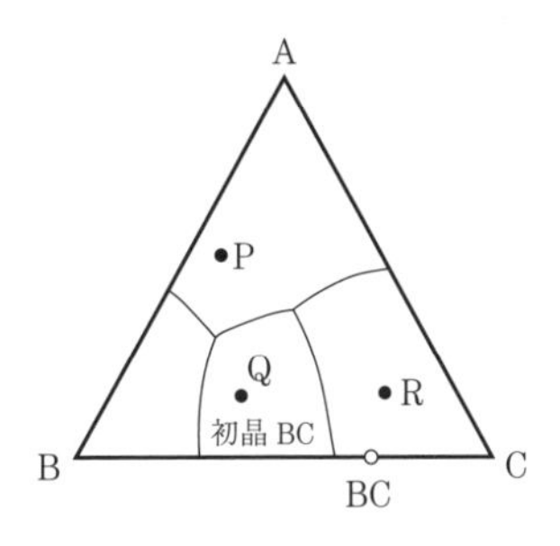

問図 3.3　A–B–C 3 成分系状態図

【3.5】 エリンガム図（図 3.23）において，金属元素の活量が 1 より小さい場合，図中の直線はどのように変化するか。

引用・参考文献

1) 横山　亨：合金状態図読本，オーム社（1974）
2) 山口明良：プログラム学習 相平衡状態図の見方・使い方，講談社（1997）
3) 飯田修一 ほか編：新版 物理定数表，朝倉書店（1978）
4) 長坂徹也，田中敏宏：3 成分系平衡状態図の基礎，ふぇらむ，**10**，pp.810-815，pp.855-861（2005）
5) C.G. Bergeron and S.H. Risbud：Introduction to Phase Equilibria in Ceramics, Amer. Ceram. Soc.（1984）
6) 増子　昇：化学ポテンシャル状態図の作り方，使い方，電気化学，**38**, 2-4（1970）
7) 佐野信雄：エリンガム図と化学ポテンシャル状態図，ふぇらむ，**1**, pp.847-853（1996）
8) G. Jaeger：The Ehrenfest Classification of Phase Transitions:Introduction and Evolution, *Arch. Hist. Exact Sci.*, **53**, pp.51-81（1998）
9) J.W. Cahn and J.E. Hilliard：Free Energy of a Nonuniform System .III. Nucleation in a Two-Component Incompressible Fluid, *J. Chem. Phys.*, **31**, pp.688-699（1959）

4 拡散現象

局所的に集中していたものが広がっていく現象を拡散という。通常拡散は物質のみならず，ほかの物理量，例えば運動量や熱などについても生じる。拡散とは，不可逆な変化の最も身近なものの一つであり，材料科学においては，固体内の物質移動を支配する重要な現象である。本章では，拡散現象を記述する方程式を紹介し，特に固体内拡散についての基礎理論について解説する。

4.1 フィックの法則

フィック（Fick）は細いガラス管の底部に食塩の結晶（岩塩）を設置し，上端を大きな水槽に接続した装置を用いて，食塩を水に溶解させて各位置での濃度を測定する実験を行った（実際には密度を測定した[1)]）。上部の水槽の水を定期的に交換することで，ガラス管上端の食塩濃度を 0 に保つことができるようになっている。この装置に水を満たして実験を継続すると，定常濃度分布†が形成されることが確認された。定常状態では，各位置における濃度は時間とともに変化しないので，単位時間に流入・流出する食塩の量は円筒のどの断面においても等しいことがわかる。このとき，食塩の濃度は底部の食塩結晶からの距離に対して，直線的に減少することも確認された。

† 定常状態（steady state）とは，注目する物理量（ここでは濃度）が時間に依存しないという意味である。すべてのマクロ的物理量が時間に依存しない状態である平衡状態（equilibrium state）との違いに注意すること。

4.1.1　フィックの第1法則

上述の実験結果は，食塩の濃度勾配が等しければ，単位時間に各断面を通過する食塩の量が等しくなることを示している。フィックは，定常熱伝導において，すでにフーリエ（Fourier）が1822年に報告していたフーリエの法則と同様の数学的表現を用いて，この実験結果を式(4.1)で表した。これを**フィックの第1法則**（Fick's first law）という。

$$J_A = -D_A \frac{dC_A}{dx} \tag{4.1}$$

ここで，J_A〔$mol/m^2 \cdot s$〕は**拡散フラックス**（diffusion flux）（または質量フラックス）[†1]と呼ばれ，C_A〔mol/m^3〕は，拡散種Aの濃度[†2]を表している。式(4.1)は，**拡散**（diffusion）は濃度の高いほうから低いほうに生じ（式(4.1)右辺のマイナスの符号はこのためである），拡散によって運ばれる質量は，拡散種の濃度の空間勾配に比例することを示している。この比例係数D_A〔m^2/s〕は，**拡散係数**（diffusion coefficient）と呼ばれる。その単位から明らかなように，拡散係数は時間とともに物質が広がっていく程度を表している。

4.1.2　フィックの第2法則

フーリエが定常熱伝導のフーリエの式から非定常熱伝導を表す熱伝導方程式を導いたのと同じ方法で，式(4.1)から非定常拡散の式を導くことができる。

1次元の非定常拡散を考えるため，**図4.1**に示すように静止した媒質中の微小区間を考え，その厚みをΔxとする。微小時間Δt間に微小区間内のAの物質収支を考えると式(4.2)のようになる。

[微小区間に蓄積されるAの量]
　＝[位置xにおいて流入するAの量]
　　－[位置$x+\Delta x$において流出するAの量]　　(4.2)

---

†1　定単位時間に単位断面積を通過する物理量をフラックス（flux，流束）という。

†2　濃度は単位体積当りの物質量であることに注意されたい。通常使われるモル分率やmass%ではない。

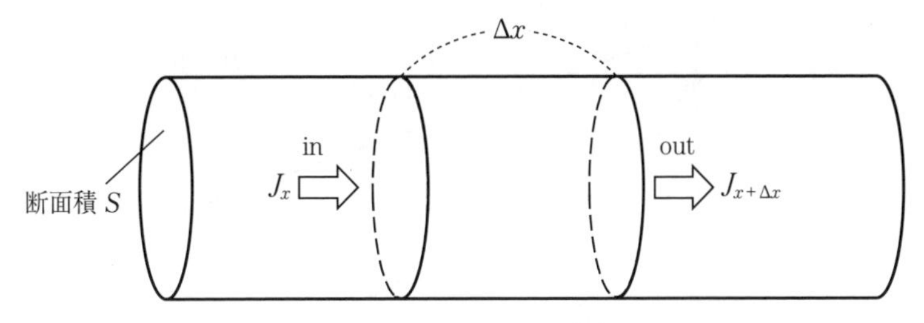

図 4.1　1 次元非定常拡散

これを，数式に直すと

$$S\Delta x(C_A|_{t+\Delta t} - C_A|_t) = S\Delta t(J_A|_x - J_A|_{x+\Delta x}) \tag{4.3}$$

となり，両辺を $S\Delta x\Delta t$ で除して，Δx，$\Delta t \to 0$ とすると

$$\frac{\partial C_A}{\partial t} = -\frac{\partial J_A}{\partial x} \tag{4.4}$$

となる。ここでさらに，式 (4.1) のフィックの第 1 法則を適用すると，式 (4.5) となる。

$$\frac{\partial C_A}{\partial t} = \frac{\partial}{\partial x}\left(D_A \frac{\partial C_A}{\partial x}\right) \tag{4.5}$$

拡散係数 D_A が一定の場合には，式 (4.6) が得られる。式 (4.5)，(4.6) を一般に**フィックの第 2 法則**（Fick's second law），または**拡散方程式**（diffusion equation）と呼ぶ。

$$\frac{\partial C_A}{\partial t} = D_A \frac{\partial^2 C_A}{\partial x^2} \tag{4.6}$$

拡散方程式を用いれば，非定常状態における拡散現象を追跡すること，すなわち，時々刻々変化する濃度分布を求めることができる。

ここで，**図 4.2** のような 1 次元の半無限領域における非定常拡散について考えてみよう。拡散係数が一定であるとすれば，式 (4.6) を解けばよい。このとき，境界条件は $x=0$ で $C_A = C_A^0$，初期条件は，$t=0$ で $C_A=0$（$x>0$）である。多くの本で取り上げられているように，式 (4.6) の解を求める具体的な方法として，ボルツマン（Boltzmann）によって導入された式 (4.7) のような変数変換を用いるやり方がある（ボルツマン変換という場合もある[2)]）。

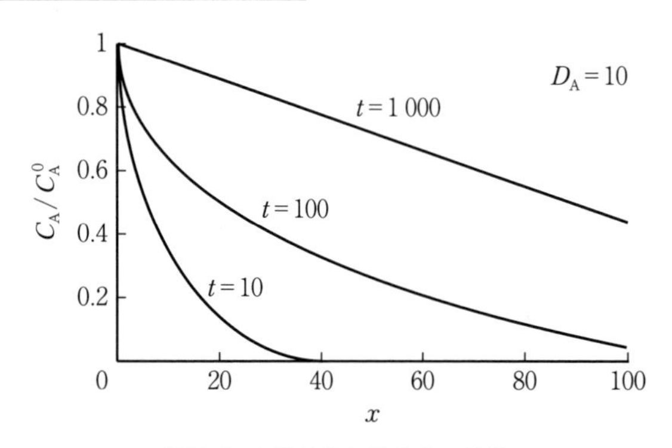

図 4.2　1 次元半無限体内の拡散

$$\xi = \frac{x}{2\sqrt{D_A t}} \tag{4.7}$$

式 (4.7) を (4.6) に代入して解くことにより

$$\frac{C_A}{C_A^0} = 1 - \mathrm{erf}\,(\xi) = 1 - \mathrm{erf}\left(\frac{x}{2\sqrt{D_A t}}\right) \tag{4.8}$$

が得られる。ここで C_A^0 は $x=0$ における A の濃度であり，erf(ξ) は**誤差関数**（error function）と呼ばれ，式 (4.9) で定義される†1。

$$\mathrm{erf}\,(\xi) = \frac{2}{\sqrt{\pi}}\int_0^{\xi} \exp\,(-\xi^2)d\xi \tag{4.9}$$

上述の変数変換を用いた解法について，厳密には両立性の条件（compatibility condition）についての議論が必要である†2。式 (4.8) を用いて濃度分布を計算した結果を図 4.2 に示した。

材料科学における多くの局面では，拡散方程式 (4.6) を，さまざまな初期条件・境界条件のもとで解く必要に迫られる。拡散方程式の解法の詳細については，専門の書籍（拡散方程式については本章末の文献 4)，熱伝導方程式については文献 5)）を参照されたい。

---

†1　補誤差関数（complementary error function）は，erfc (ξ) = 1 − erf (ξ) で定義される。

†2　$x=0$, $t=0$ で ξ が不定となってしまう問題が生じる。詳しくは本章末の文献 3) を参照。また，文献 7) にも，ボルツマン変換の問題点が指摘されている。

4.2　多成分系の拡散

フィックの第1法則は形式的には熱伝導におけるフーリエの法則と相似である。しかし，熱伝導においては，熱が媒質中を移動するのに対して，拡散過程においては，媒質を構成している物質自体が移動するため，拡散の進行にともなって媒質そのものが変化する。このため，座標軸の選び方によって拡散係数の持つ意味が異なってくることに注意しなくてはならない。

4.2.1　カーケンドール効果

カーケンドール（Kirkendall）は，黄銅（70 mass%Cu–30 mass%Zn）の表面に Mo 細線をマーカーとして設置し，その上に Cu を厚く電着した試料を作成して，Cu と Zn の相互拡散の実験を行った（**図 4.3**）[6]。この試料を高温（785 ℃）に保持して，マーカー間の距離を測定すると，その距離は保持時間の平方根に比例して減少した。これは，黄銅と電着 Cu の境界を通過する Zn 原子のほうが Cu 原子よりも多いことを示している。すなわち，Zn の拡散速度は，Cu の拡散速度よりも大きいということがわかる。一般に，拡散種の拡散速度が等しくない場合，拡散系に挿入した内部標識（マーカー，inner marker）は拡散の進行にともなって移動することが知られており，これを**カーケンドール効果**（Kirkendall effect）という。

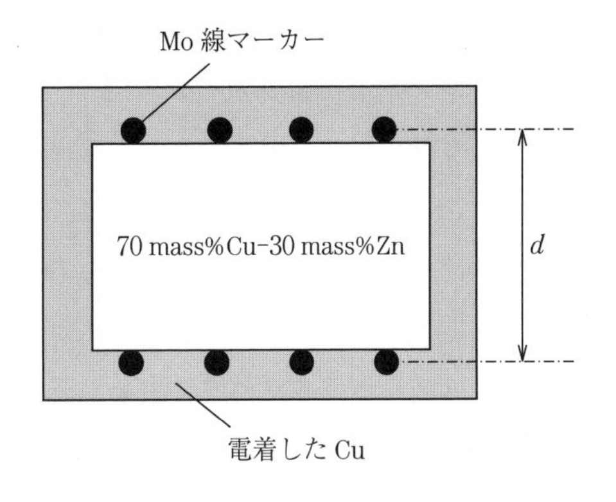

図 4.3　カーケンドールによる実験の模式図

マーカーの移動を説明するために，**図4.4**に示すような，Cu-Zn合金と純Cu間の相互拡散を考えてみる。Cuの拡散速度よりもZnの拡散速度が大きいため，界面に挿入したマーカー上に内部座標をとると，相互拡散の結果，試料は図の右側に移動する。一方，外部座標を試料に固定すれば，マーカーが図の左側に移動したことが観察される。

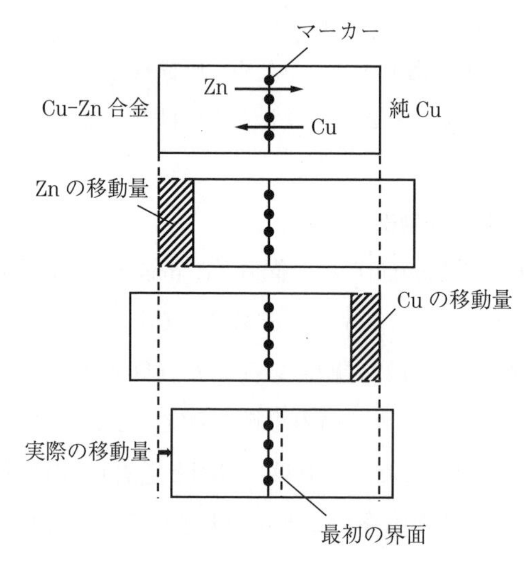

図4.4　拡散速度の違いによるマーカーの移動

4.2.2　拡散係数の種類

座標軸を系全体の移動にともなって動く内部標識に固定して選んだ場合には，各成分固有の拡散係数が求められる。このような拡散係数を**固有拡散係数**（intrinsic diffusivity）といい，本書では拡散種Aの固有拡散係数をD_Aと表記する。

実際の測定では，内部標識を挿入することはきわめて困難であり，座標軸を試料の外部にとる場合がほとんどである。このとき求められる拡散量は，各成分の拡散速度の差によって生ずる溶液（固溶体）全体の動きを含めたものになる。得られる拡散係数は各成分に特有な拡散係数ではなく，各成分の相対的な拡散を含めた係数になる。このようにして外部座標を基準にして求められる拡散係数を，**相互拡散係数**（inter-diffusion coefficient）または**化学拡散係数**

(chemical diffusivity) という。A–B 2 成分系での相互拡散係数を本書では $\widetilde{D}_{AB}$ と表記する。

拡散係数にはさらに，微量な放射性同位体を**トレーサー** (tracer) として用いることで，化学的な濃度勾配がない条件下におけるトレーサーの濃度勾配より得られる，**自己拡散係数** (self-diffusion coefficient，トレーサー拡散係数ともいう) が定義されている。本書では拡散種 A の自己拡散係数を D_A^* と表記する。

拡散係数は，適当な初期および境界条件を設定したうえで実験を行い，分析などによって得られた濃度分布もしくはそのほかの測定量 (拡散種の濃度を反映する量) から，フィックの第 1 法則 (式 (4.1)) または第 2 法則 (式 (4.6)) の解を用いて求めるのが一般的である。しかし，設定した境界条件を実験において実現するには，多くの場合困難をともなうので，これを克服するためのさまざまな工夫がなされてきた。拡散係数を実験によって求める方法は数多くあるが，代表的な方法を以下に紹介する。

(1) **プレーン・ソース法**　**プレーン・ソース法** (plane source method) は，半無限長さの棒の上部または下部に少量の拡散物質を置き，所定温度に一定時間保持した後の濃度分布から拡散係数を求めるものである。

(2) **キャピラリ・リザーバー法**　**キャピラリ・リザーバー法** (capillary reservoir method) は，液体について広く用いられている方法である。一端を封じた毛細管中に既知の濃度を持つ試料を入れ，これを**母液** (reservoir) と呼ばれる大きな浴に浸漬する。毛細管の開口端より拡散物質が母液から，もしくは母液に向かって拡散するので，所定時間経過した後に毛細管を引き上げ，管内の試料の濃度分布を測定し，初期および境界条件を用いて拡散係数を求める。

(3) **拡 散 対 法**　**拡散対法** (diffusion couple method) は，固体拡散に広く利用されている方法である。2 種類の成分濃度の異なる試料を接触させ，所定時間保持後に試料の濃度分布を求め，拡散係数を決定する方法である。しかし，拡散係数が濃度によって変化する場合には式 (4.6) ではなく，式 (4.5) を解かなくてはならない。一般的にこの式を解析的に解くことは不可能であり，**ボルツマン－保野の方法**（Boltzmann-Matano's method）[7] を用いて，実験で得られた濃度分布曲線から拡散係数を求める。

例えば，拡散時間 τ 後に，**図 4.5** のような濃度分布曲線が与えられたとき，距離 x の原点を，界面で区切られた図の二つの領域の面積 S_1 と S_2 が等しくなるように定める。濃度 C_A における拡散係数 D_A は，式 (4.10) から求められる。

$$D_A = -\frac{1}{2\tau}\left(\frac{dx}{dC_A}\right)\int_{C_A}^{C_A^0} x dC_A \tag{4.10}$$

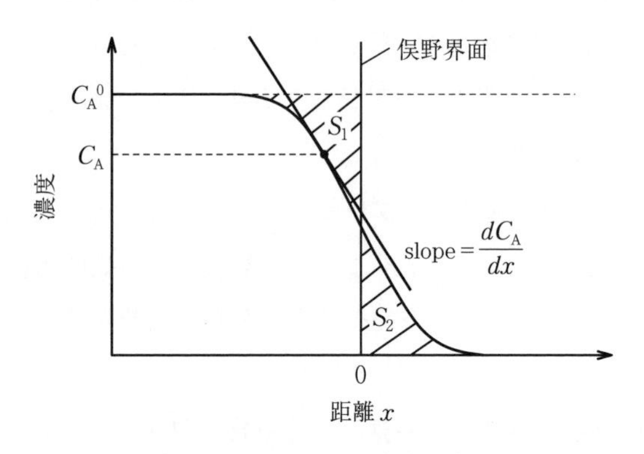

図 4.5　ボルツマン－保野の方法

なお，図の $x=0$ の位置は，**保野界面**（Matano interface）と呼ばれている。

上述の方法で求められる拡散係数はいずれも，外部座標系を用いているので，相互拡散係数である。一方，拡散物質としてトレーサーを用いた場合，D^* 自身は一般に濃度依存性を持つが，通常の測定時はきわめて微量のトレーサーを添加するため，D^* を測定する場合の濃度依存性は無視できる。したがって，式 (4.6) を直接用いて自己拡散係数が求められる。

いずれにしても，実験で求められる拡散係数は一般に相互拡散係数もしくはトレーサー拡散係数であることに注意する必要がある。

4.2.3　ダーケンの式

フィックの第1法則では，拡散の**駆動力**（driving force，物理現象を引き起こす力）は拡散種の濃度の空間勾配であるということが主張されていたが，本来，拡散の駆動力は化学ポテンシャルの空間勾配†である。ダーケン（Darken）は，化学ポテンシャル勾配を駆動力とした拡散の理論を展開し，前項で説明した三つの拡散係数間相互の関係を2元系について導いた[8)]。

体積変化がない場合，相互拡散係数 $\widetilde{D}_{AB}$ は，A，B おのおのの固有拡散係数 D_A，D_B およびモル分率 x_A，x_B を用いて式 (4.11) で与えられる。

$$\widetilde{D}_{AB} = x_B D_A + x_A D_B \tag{4.11}$$

拡散種 A の個々の粒子に働く力を F_A〔N〕とし，B_A〔m·s^{-1}·N〕を A 粒子の**易動度**（mobility）とすると，$F_A B_A$ は粒子の平均速度に等しいので，拡散フラックス J_A は式 (4.12) で与えられる。

$$J_A = C_A F_A B_A \tag{4.12}$$

1モルの粒子に働く力は，化学ポテンシャルの空間勾配なので，N_0 をアボガドロ数とすれば，1個粒子に働く力 F_A は，式 (4.13) で与えられるので，J_A は式 (4.14) で表される。

$$F_A = -\frac{1}{N_0}\left(\frac{\partial \mu_A}{\partial x}\right) \tag{4.13}$$

$$J_A = -\frac{C_A B_A}{N_0}\left(\frac{\partial \mu_A}{\partial x}\right) \tag{4.14}$$

これをフィックの第1法則（式 (4.1)）と比較すると，式 (4.15) が得られる。

$$D_A\left(\frac{\partial C_A}{\partial x}\right) = \frac{C_A B_A}{N_0}\left(\frac{\partial \mu_A}{\partial x}\right) \tag{4.15}$$

よって，A の固有拡散係数は

$$D_A = \frac{C_A B_A}{N_0}\left(\frac{\partial \mu_A}{\partial C_A}\right) \tag{4.16}$$

---

†　これは等温系の場合である。非等温系では μ/T の空間勾配になる。

となる。ここで，A の部分モル体積 v_A，化学ポテンシャル μ_A は，x_A を A のモル分率，a_A を A の活量とすれば，それぞれ式 (4.17)，(4.18) のように表される。

$$v_A = \frac{x_A}{C_A} \tag{4.17}$$

$$\mu_A = {\mu_A}^0 + RT \ln a_A \tag{4.18}$$

${\mu_A}^0$ は定数なので，部分モル体積が一定である場合には，式 (4.16) は式 (4.19) に変形できる。

$$D_A = \frac{B_A RT}{N_0}\left(\frac{\partial \ln a_A}{\partial x_A}\right) = B_A kT\left(1 + \frac{\partial \ln \gamma_A}{\partial x_A}\right) \tag{4.19}$$

ここで，k はボルツマン定数，γ_A は A の活量係数である。式 (4.19) 最右辺の括弧内を，**熱力学因子**（themodynamic factor）といい，拡散係数の組成依存性を示している。

理想溶液の各成分，またはヘンリーの法則が成立するような希薄溶液の溶質成分では活量係数 γ_A が一定となるので，熱力学因子は 1 となる。このとき，式 (4.19) は，**アインシュタインの式**（Einstein's equation）と呼ばれる式 (4.20) に帰着する。

$$D_A = B_A kT \tag{4.20}$$

放射性同位元素であるトレーサーが拡散物質の場合，その濃度は小さく，ヘンリーの法則が成立し，活量係数は一定とみなすことができる。また，トレーサーの易動度は，B_A に等しいとおけると仮定すると，式 (4.21) が得られる。

$$D_A^* = B_A kT \tag{4.21}$$

したがって，式 (4.22) のような，固有拡散係数 D_A とトレーサー拡散係数 D_A^* との関係が得られる。

$$D_A = D_A^*\left(1 + \frac{\partial \ln \gamma_A}{\partial x_A}\right) \tag{4.22}$$

さらに，ギブス－デュエムの式（ここでは，$x_A d \ln \gamma_A + x_B d \ln \gamma_B = 0$）と，式 (4.11) を用いると，相互拡散係数 $\widetilde{D}_{AB}$ は式 (4.23) のように与えられる。

$$\widetilde{D}_{AB}=x_B D_A+x_A D_B=(x_B D_A^*+x_A D_B^*)\left(1+\frac{\partial \ln \gamma_B}{\partial x_B}\right) \tag{4.23}$$

これを，**ダーケンの式**（Darken's equation）と呼ぶ。式 (4.23) から，希薄溶液では，B を溶質成分とすれば $\widetilde{D}_{AB}=D_B=D_B^*$ であることが導かれる。

4.2.4 多成分系における拡散方程式

多成分系においては，一つの成分の移動がほかの成分の移動を引き起こす。したがって，多成分系の拡散方程式は複雑な形になることが予想される。

非平衡熱力学（例えば，本章末の文献 9）を参照）においては，さまざまな物理量の輸送現象について式 (4.24) で表される**現象論的方程式**（phenomenological equation）が提案されている。これは，平衡に近いところでは，ある物理量のフラックス（流束）が力の線形同次関数であることを仮定することによって得られるもので，現象の線形性の原理といわれる。

$$J_i=\sum_j L_{ij}X_j \tag{4.24}$$

ここで，J_i は，物理量 i のフラックス，X_j は物理量 j と共役な力であり，L_{ij} は**輸送係数**（transport coefficient）である。

等温系における拡散について考えよう。ここでは，各成分の化学ポテンシャルの空間勾配のみがあり，化学反応や外力の作用はなく，機械的平衡が成立しているものとすると，J_i は成分 i の拡散フラックス，X_j は成分 j の化学ポテンシャルの空間勾配 $\nabla\mu_j$ に相当するので，現象論的方程式 (4.24) は式 (4.25) のように書ける。

$$J_i=\sum_j L_{ij}\nabla\mu_j \tag{4.25}$$

式中の化学ポテンシャルの空間勾配を実用に便利なように，成分濃度の空間勾配に変換して式 (4.25) を書き換えることによって，多成分系におけるフィックの第 1 法則，式 (4.26) が導かれる。n 成分系においては，n 番目の成分を溶媒にとることにより，成分 i の相互拡散流束 $\widetilde{J}_i$ を，$n-1$ 個の独立した濃度勾配と $(n-1)^2$ 個の相互拡散係数を用いて記述することができる。

$$\widetilde{J}_i = -\sum_j^{n-1} \widetilde{D}_{ij}^n \nabla C_j \qquad (i=1, \cdots, n-1) \tag{4.26}$$

ここでは，外部の固定座標系を用いているので，拡散係数 $\widetilde{D}_{ij}^n$ は，n 成分系における成分 j の濃度勾配によって生ずる成分 i の相互拡散係数を表している。$i \neq j$ のとき，$\widetilde{D}_{ij}^n$ はほかの成分 j との相互作用によって生じる i の拡散の程度を示している（cross term という場合もある）。

さらに，フィックの第 2 法則は，式 (4.27) で与えられる。

$$\frac{\partial C_i}{\partial t} = \sum_j^{n-1} \widetilde{D}_{ij}^n \nabla^2 C_j \qquad (i=1, \cdots, n-1) \tag{4.27}$$

もちろん，固有拡散係数 D_{ij}^n についても，式 (4.26) と同様の式が導かれ，拡散流束 J_i は，式 (4.28) のように表される。

$$J_i = -\sum_j^{n} D_{ij}^n \nabla C_j \qquad (i=1, \cdots, n-1) \tag{4.28}$$

固有拡散係数の数は，式 (4.28) から明らかなように，$n(n-1)$ 個となる。このとき，座標は内部標識とともに移動するので，J_i と $\widetilde{J}_i$ は異なった値を持ち，内部標識の移動速度を v とすれば，式 (4.29) のような関係がある。

$$\widetilde{J}_i = J_i + c_i v \qquad (i=1, \cdots, n-1) \tag{4.29}$$

内部マーカーを設置した特別な場合を除けば，われわれが通常実験で測定し，外部座標系で記述するのは，相互拡散流束や相互拡散係数であることに注意する必要がある。

また，トレーサー拡散係数は本質的に他成分の影響を受けないので，n 成分系においては n 個である。したがって，例えば 3 元系では 4 個の相互拡散係数と 6 個の固有拡散係数，そして 3 個のトレーサー拡散係数が定義されることになる。

4.2.5　上り坂拡散

前述したとおり，拡散の駆動力は化学ポテンシャルの空間勾配である。通常，拡散種の化学ポテンシャルは，その濃度が高いほど大きい。したがって，フィックの第 1 法則に従うところの，濃度の高いほうから低いほうへの拡散（下り坂拡散（down-hill diffusion）という）が観察される。しかし，場合によっては，濃度の低い状態のほうが，化学ポテンシャルが高くなることがあり，そのときには，一般に観測されているのとは逆に，濃度の低いほうから高いほうへの拡散が起きる。このような拡散現象を，**上り坂拡散**（up-hill diffusion）と呼ぶ。この現象が起きる原因は二つある。一つは他成分と拡散種との相互作用によるものであり，もう一つは，組成が不安定領域にある場合である。

ある成分と拡散種との相互作用によって，拡散種の活量が増大するならば，相互作用の強い成分を含んでいる拡散種濃度の低い領域が，高いほうよりもより大きな活量，すなわち高い化学ポテンシャルを持つことは可能である。**図4.6**に Fe-Si-C 合金における上り坂拡散の例を示した。炭素と反発的な相互作用を示すシリコンを含む左側の領域における炭素の化学ポテンシャルは，濃度が低いにもかかわらず，右側よりも高い。炭素はシリコンよりもはるかに拡散速度が大きい（炭素は格子間を拡散するのに対し，シリコンは鉄原子の空孔を介しながら拡散する）ため，低濃度から高濃度への上り坂拡散が観察される。同様な現象が Cu-Ni-Mn 合金などでも観察されている。

一般に A-B 2 成分系の熱力学的安定性は，式 (4.30) または式 (4.31) によっ

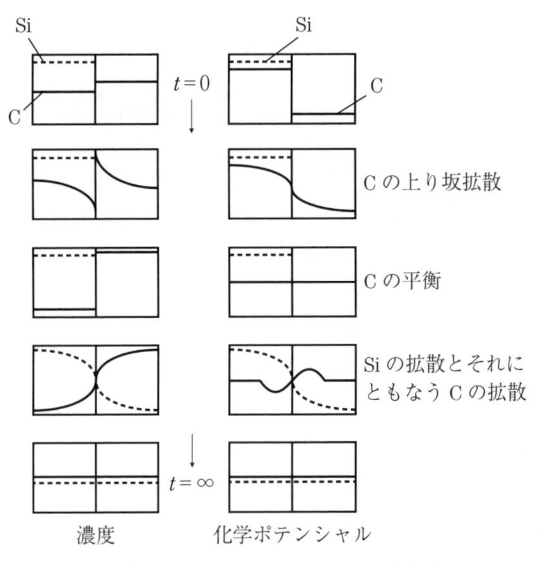

図4.6 Fe-Si-C 合金における上り坂拡散

て与えられる。

$$\left(\frac{\partial^2 G}{\partial x_{\mathrm{B}} 2}\right)_{T,P} > 0 \tag{4.30}$$

$$\left(\frac{\partial \mu_{\mathrm{B}}}{\partial x_{\mathrm{B}}}\right)_{T,P} > 0 \tag{4.31}$$

この条件は，通常の拡散を表しており，濃度の高いほうが化学ポテンシャルも高いので，濃度の空間勾配と化学ポテンシャルの空間勾配の方向が一致している。しかし，不安定領域では式 (4.31) と反対に，式 (4.32) の不等式が成り立つ。

$$\left(\frac{\partial \mu_{\mathrm{B}}}{\partial x_{\mathrm{B}}}\right)_{T,P} < 0 \tag{4.32}$$

すなわち，濃度の空間勾配と化学ポテンシャルの空間勾配の方向が逆になるため，上り坂拡散が観察される。3.5.3 項で解説したスピノーダル分解は，組成が不安定領域にある場合の上り坂拡散の代表例である。

化学ポテンシャルの代わりに活量を用いて，式 (4.31) を書き直すと

$$\left(\frac{\partial \ln a_{\mathrm{B}}}{\partial x_{\mathrm{B}}}\right)_{T,P} < 0 \tag{4.33}$$

となる。モル分率 x_{B} は正であるので，式 (4.34) が成立する。

$$x_B\left(\frac{\partial \ln a_{\mathrm{B}}}{\partial x_{\mathrm{B}}}\right)_{T,P} = \left(\frac{\partial \ln a_{\mathrm{B}}}{\partial \ln x_{\mathrm{B}}}\right)_{T,P} = \left(1 + \left(\frac{\partial \ln \gamma_{\mathrm{B}}}{\partial \ln x_{\mathrm{B}}}\right)_{T,P}\right) < 0 \tag{4.34}$$

これは，ダーケンの式中の熱力学因子が負であることに対応している。したがって，ダーケンの式を用いれば，式 (4.35) より相互拡散係数は負の値を持つことがわかる。

$$\widetilde{D}_{\mathrm{AB}} = (x_{\mathrm{B}} D_{\mathrm{A}}^* + x_{\mathrm{A}} D_{\mathrm{B}}^*)\left(1 + \left(\frac{\partial \ln \gamma_{\mathrm{B}}}{\partial \ln x_{\mathrm{B}}}\right)_{T,P}\right) < 0 \tag{4.35}$$

負の拡散係数を持った場合に，上り坂拡散が生じることは，反応拡散方程式を用いて数理科学的にも証明されている[10)]。

ここで，スピノーダル分解における上り坂拡散について，考察してみよう。第 3 章の図 3.27 (b) には，スピノーダル曲線が破線で示されている。この曲線の内側では，式 (4.30)，(4.31) を満たすので，上り坂拡散による分解が生

じる。スピノーダル曲線は各温度におけるギブスエネルギー曲線の変曲点の軌跡なので，この線上では式 (4.36) が成り立つ。

$$\left(\frac{\partial^2 G}{\partial x_{\mathrm{B}}^2}\right)_{T,P}=\left(\frac{\partial \mu_{\mathrm{B}}}{\partial x_{\mathrm{B}}}\right)_{T,P}=0 \tag{4.36}$$

これを活量で書き換えると，式 (4.37) が得られる。

$$\left(\frac{\partial \ln a_{\mathrm{B}}}{\partial \ln x_{\mathrm{B}}}\right)_{T,P}=\left(1+\left(\frac{\partial \ln \gamma_{\mathrm{B}}}{\partial \ln x_{\mathrm{B}}}\right)_{T,P}\right)=0 \tag{4.37}$$

これは，ダーケンの式における熱力学因子が 0 になることを意味しているので，相互拡散係数は 0 となる。すなわち，外部座標から見た場合，スピノーダル曲線上では，見かけ上，拡散は生じないことになる。

4.3 固体内の拡散

4.3.1 拡散の物理モデル

固体内の拡散は，空孔への原子のジャンプによって生ずるというメカニズムに基づいて，**図 4.7** に示すような 1 次元の簡単なモデルを考える[11]。1 と 2 を原子面として，a を最近接距離，単位面積当りの溶質原子数を n_1，n_2 とすると，濃度 c_1，c_2〔m^{-3}〕との関係は，式 (4.38) のようになる。

$$n_1=ac_1, \qquad n_2=ac_2 \tag{4.38}$$

単位時間当りの x 方向のジャンプの回数 f〔s^{-1}〕を一定とすれば，面 1 か

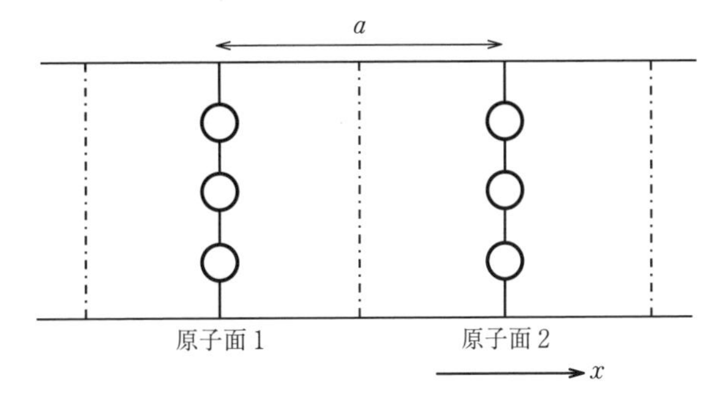

図 4.7 拡散の 1 次元モデル

ら2への原子の拡散フラックス J〔$\mathrm{m^{-3}\cdot s^{-1}}$〕は，$p_1$，$p_2$ を各面の空孔の存在確率としたとき，式 (4.39) で与えられる。

$$J=\frac{1}{2}n_1p_2f-\frac{1}{2}n_2p_1f \tag{4.39}$$ †

$p_1=p_2=p$ と考えれば，式 (4.40) となる。

$$J=\frac{pf}{2}(n_1-n_2)=\frac{apf}{2}(c_1-c_2) \tag{4.40}$$

ここで，濃度勾配は式 (4.41) で与えられるので，式 (4.40) に代入すると，式 (4.42) が得られる。

$$\frac{dc}{dx}=\frac{c_2-c_1}{a} \tag{4.41}$$

$$J=-\frac{a^2pf}{2}\frac{dc}{dx} \tag{4.42}$$

3次元では，x，y，z の正負の系6方向に等方的にジャンプが起きると考えれば，式 (4.43) が得られる。

$$J=-\frac{a^2pf}{6}\frac{dc}{dx} \tag{4.43}$$

フィックの第1法則と比較すると拡散係数 D は，式 (4.44) となる。

$$D=\frac{a^2pf}{6} \tag{4.44}$$

4.3.2　拡散係数の温度依存性

式 (4.44) から，原子のジャンプの回数 f が増加すると，拡散係数 D は増大することがわかるので，温度上昇にともなって拡散係数は増大することが予想される。

原子が隣接する空孔にジャンプするためには，一定のエネルギー障壁 E_a を越えなくてはならないと考えると，ジャンプの回数 f の温度依存性は，式 (4.45) で与えられる。

---

†　ジャンプは x の正負の2方向があるので，係数1/2が掛かる。

$$f = \nu_0 \exp\left(-\frac{E_a}{RT}\right) \tag{4.45}$$

ここで，ν_0〔s^{-1}〕は，原子の振動数である（本来は温度の関数であるが，ここではデバイ振動数（Debye frequency）と考えてもよい）。これを式(4.44)に代入すると

$$D = \frac{a^2 p \nu_0}{6} \exp\left(-\frac{E_a}{RT}\right) = D_0 \exp\left(-\frac{E_a}{RT}\right) \tag{4.46}$$

となる。ここで，D_0 は**頻度因子**（frequency factor），E_a は**活性化エネルギー**（activation energy）と呼ばれる。D_0 と E_a は，さまざまな材料について測定されている†1。いくつかの金属の自己拡散係数を**表 4.1** に，シリコン中の不純物元素の拡散係数†2 を**表 4.2** に示した。

表 4.1 純金属の自己拡散係数[11)]

元　素	D_0〔$10^{-4}\,m^2 \cdot s^{-1}$〕	E_a〔$kJ \cdot mol^{-1}$〕
Ag	0.395	184.4
Al	1.71	142
Au	0.117	176
Cu	0.20	197.1
α-Fe	1.9	239
γ-Fe	0.18	270
δ-Fe	1.9	238
Ni	1.70	448

表 4.2 シリコン中不純物の拡散係数[12)]

元　素	D_0〔$10^{-4}\,m^2 \cdot s^{-1}$〕	E_a〔$kJ \cdot mol^{-1}$〕
P	10.5	356
As	69.6	405
Sb	12.9	381
Bi	1033	448

†1 拡散データベースが物質・材料研究機構から公開されている（https://diffusion.nims.go.jp/）。

†2 不純物は低濃度なので，式（4.23）より，相互拡散係数と考えてよい。

章　末　問　題

【4.1】 785 ℃におけるCuの自己拡散係数を求めよ。

【4.2】 1次元半無限のシリコン中の，1000 ℃におけるPの非定常拡散を考える。境界条件は$x=0$で$C_P=10^3$〔mol·m^{-3}〕，初期条件は，$t=0$で$C_P=0$（$x>0$）としたとき，1h後の濃度分布を計算せよ。

引用・参考文献

1） A. Fick：On Liquid Diffusion, *Prog. Ann.*, **94**, pp.59-86（1855）
2） L. Boltzmann：About the Integration of the Diffusion Equation in the Case of Variable Diffusion Coefficients, *Ann. Phys.*, **53**, pp.959-964（1894）
3） 藤田　宏，池部晃生，犬井鉄郎，高見穎郎：数理物理に現れる偏微分方程式，岩波書店（1977）
4） J. Crank：The Mathematics of Diffusion, 2nd ed., Clarendon Press（1975）
5） H.S. Carslaw and J.C. Jaeger：Conduction of Heat in Solid, Oxford Univ. Press（1959）
6） A.D. Smigelskas and E.O. Kirkendall：Zinc Diffusion in Alpha Brass, *Trans. AIME*, **171**, pp.130-142（1947）
7） 小岩昌宏, W. シュプレンゲル：拡散研究の始まりとボルツマン－俣野の方法，まてりあ, **46**, pp.682-688（2007）
8） L.S. Darken：Diffusion, Mobility and Their Interrelation through Free Energy in Binary Metallic Systems, *Trans. AIME*, **175**, pp.184-201（1948）
9） 妹尾　学：不可逆過程の熱力学序論, 東京化学同人（1964）
10） 北田韶彦：発展方程式にしたがう自然現象―方程式の分類を通してみた自然の統一的な描象―，応用物理, **62**, pp.322-328（1993）
11） 幸田成康：改訂 金属物理学序論―構造欠陥を主にした―（標準金属工学講座 9）, コロナ社（1973）
12） 国立天文台 編：理科年表 2020，丸善出版（2019）

5 材料電子論

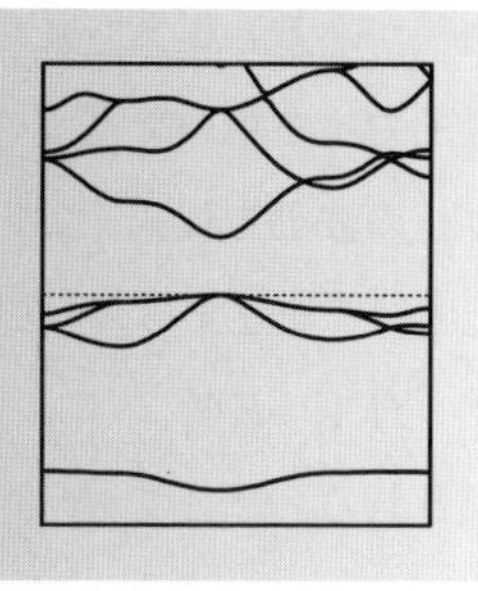

電気伝導，光の吸収や放出，磁性，機械的強度などの種々の材料の性質を考える際に，その材料を構成する原子間の結合様式を考えることが有効なことがある。本章では，そのような視点に立って，原子間の結合をつかさどる電子の振る舞いの記述法である量子力学について概説し，量子力学をもとにした材料物性の考え方について説明する。

5.1 量子力学の導入

5.1.1 シュレーディンガー方程式

古典力学では，粒子の運動はニュートンの運動方程式で記述されるが，原子内の電子の振る舞いや，原子どうしの結びつき，すなわち化学結合について考える場合は，**量子力学**（quantum mechanics）を用いる必要がある。量子力学の基本的な考え方として，まず物質の二重性が挙げられる。物質の二重性とは，すべての物質は粒子性と波動性の二つの性質を同時に持つということである。この考え方は，1905 年にアインシュタイン（Einstein）が紫外光を照射した際に電子が放出される光電効果という現象の解釈において，いままで波動として考えていた光が粒子性を持つことを示したことに始まり，1924 年にド・ブロイ（de Broglie）により，すべての物質の運動には，波動をともなうことが提案された。その波は**物質波**（matter wave）と呼ばれ，その波長を λ とすると，その物質の持つ運動量 p との間に

$$p=\frac{h}{\lambda} \tag{5.1}$$

の関係があると提案された。

量子力学を用いて電子の振る舞いを考えるには，電子の状態をシュレーディンガーの波動方程式（以下，**シュレーディンガー方程式**（Schrödinger equation）と記す）で記述することになる。定常状態におけるシュレーディンガー方程式は

$$H\Psi = E\Psi \tag{5.2}$$

と表される。ここで，H は**ハミルトニアン**（Hamiltonian），Ψ は**波動関数**（wave function），E は**エネルギー固有値**（energy eigenvalue）である，H は

$$\begin{aligned} H &= -\frac{\hbar^2}{2m}\left(\frac{\partial^2}{\partial x^2}+\frac{\partial^2}{\partial y^2}+\frac{\partial^2}{\partial z^2}\right)+V(x,\,y,\,z) \\ &= -\frac{\hbar^2}{2m}\nabla^2+V(x,\,y,\,z) \end{aligned} \tag{5.3}$$

であり，$\hbar = h/2\pi$（h はプランク定数）である。古典力学においては，質点の運動は，ニュートンの運動方程式を用いて記述することができるが，量子力学を用いて質点の運動を考える場合は，2 階の偏微分方程式であるシュレーディンガー方程式を解いて，波動関数 Ψ とエネルギー固有値 E を求め，それにより系の状態を考えることになる。

まずは，単純に考えるために 1 次元のみにすると，式 (5.3) は

$$H = -\frac{\hbar^2}{2m}\frac{d^2}{dx^2}+V(x) \tag{5.4}$$

と書ける。ここで，波動関数 Ψ の持つ物理的な意味は，$|\Psi(x)|^2 dx$ が位置 x における粒子の存在確率を表すということである。このように量子力学では，物質の二重性に加えて，古典力学のような決定論とは異なる存在確率を用いた確率解釈が必要となる。

5.1.2　井戸型ポテンシャル中の粒子

それでは，シュレーディンガー方程式の具体的な適用例として，**図 5.1** に示すような，無限に高い井戸型ポテンシャル中に閉じ込められた粒子について考えてみよう。ポテンシャル $V(x)$ は，$x<0$，$x>a$ において ∞，$0 \leq x \leq a$ では 0 なので，$0 \leq x \leq a$ におけるシュレーディンガー方程式は

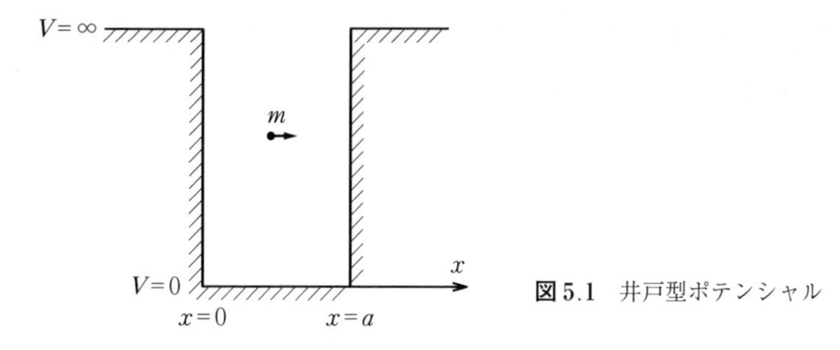

図 5.1 井戸型ポテンシャル

$$-\frac{\hbar^2}{2m}\frac{d^2}{dx^2}\Psi(x)=E\Psi(x) \tag{5.5}$$

と書ける。これは，Ψ に関する 2 階の常微分方程式であり，ここでは Ψ の一般解の一つとして

$$\Psi(x)=A\sin kx+B\cos kx \tag{5.6}$$

を選ぶことにしよう。ここで，A，B は任意の定数である。

いま，ポテンシャルの高さは無限に高く，$x<0$，$x>a$ には粒子が存在しえない状況，すなわち存在確率が 0 であると仮定しているので，$x<0$，$x>a$ においては

$$\Psi(x)=0 \tag{5.7}$$

である。波動関数は，すべての x において連続であることを要するので

$$\Psi(0)=\Psi(a)=0 \tag{5.8}$$

でなければならない。この条件を式 (5.6) に適用すると

$$\Psi(0)=B=0 \tag{5.9}$$

$$\Psi(a)=A\sin ka=0 \tag{5.10}$$

となる。よって

$$ka=n\pi \qquad (n=1,\ 2,\ \cdots) \tag{5.11}$$

である。さらに，上述のとおり，$|\Psi(x)|^2dx$ が位置 x における粒子の存在確率であり，ここでは一つの粒子について考えているので，それをすべての x で積分すると 1 にならなければならない。すなわち

$$\int_{-\infty}^{\infty}|\Psi(x)|^2dx=\int_0^a|\Psi(x)|^2dx=\int_0^a A\sin^2\left(\frac{n\pi}{a}x\right)dx=1 \tag{5.12}$$

でなければならない。この条件は規格化条件と呼ばれ，この条件式から A を決めて，最終的に波動関数 $\Psi(x)$ は

$$\Psi(x)=\sqrt{\frac{2}{a}}\sin\frac{n\pi}{a}x \qquad (n=1, 2, \cdots) \tag{5.13}$$

と求まる。求まった波動関数 $\Psi(x)$ を式 (5.5) に代入して整理することにより，エネルギー固有値 E は

$$E=\frac{\hbar^2\pi^2}{2ma^2}n^2=\frac{h^2}{8ma^2}n^2 \qquad (n=1, 2, \cdots) \tag{5.14}$$

と求まる。n に対するエネルギー固有値 E をプロットしてみると，**図 5.2** のようになる。

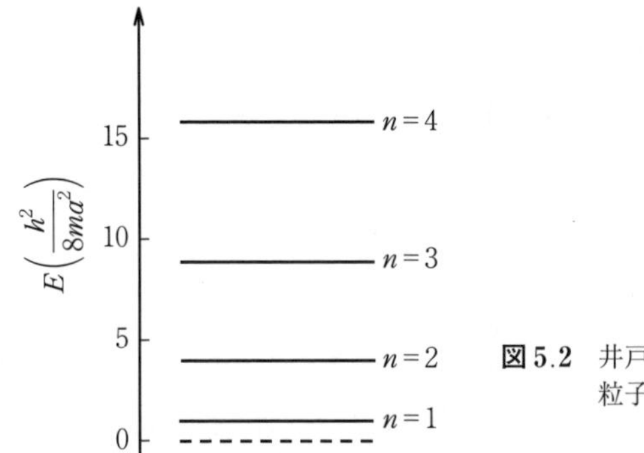

図 5.2　井戸型ポテンシャル中の粒子のエネルギー準位

ここでは, 無限に高い幅 a の井戸型ポテンシャルに閉じ込められた一つの粒子の運動について, シュレーディンガー方程式を解いて, その粒子がとりうるエネルギーを求めたが, そのような条件だけで, 図 5.2 に示したように離散的なエネルギーしかとりえないという結果になっている。ここで，n が状態を規定する量であり，これを**量子数**（quantum number）といい，また n によって決まるエネルギーを持つそれぞれの状態を**エネルギー準位**（energy level）と呼ぶ。

つぎに，波動関数 $\Psi(x)$ と，波動関数の 2 乗 $|\Psi(x)|^2$ をそれぞれ**図 5.3** と**図 5.4** に示してその特徴を見てみよう。波動関数 $\Psi(x)$ は量子数 n が一つ増えるたびに，横軸をまたぐ回数が増えていくことが見て取れるだろう。それらを 2 乗した $|\Psi(x)|^2$ では，$\Psi(x)$ が横軸をまたいだ点，すなわち $\Psi(x)=0$ となった

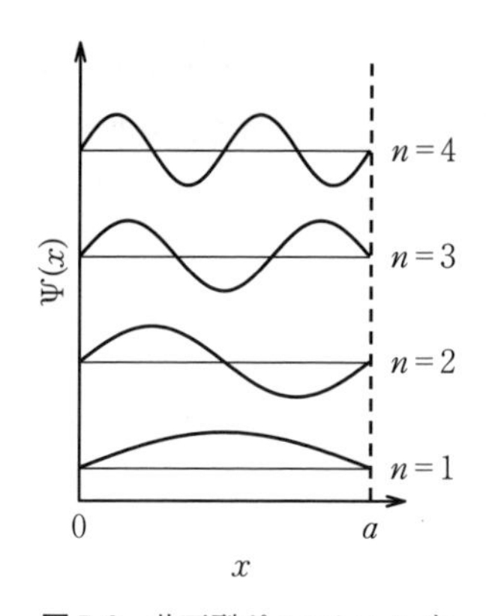

図 5.3 井戸型ポテンシャル中の粒子の波動関数

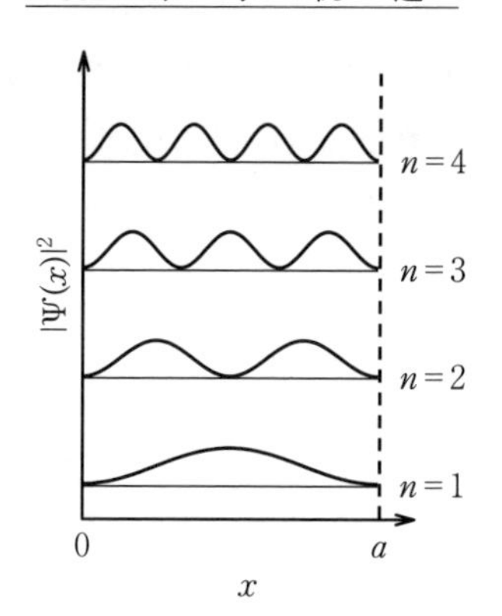

図 5.4 井戸型ポテンシャル中の粒子の波動関数の 2 乗

ところでは，当然$|\Psi(x)|^2=0$ となっている。前述のとおり，$|\Psi(x)|^2dx$ は位置 x における存在確率を表しているので，井戸型ポテンシャル中の $0\leq x\leq a$ において，粒子が存在する分布には，粗密がはっきりと見て取れる。後述する原子中の電子がとりうるエネルギー固有値も離散的な値であり，この井戸型ポテンシャルで起こっているように原子軌道においても，同様に量子数が一つ増えるごとに横軸をまたぐ回数が増えていく。

5.2 原 子 軌 道

5.2.1 原子軌道関数

つぎに，原子の中の電子に，シュレーディンガー方程式を適用してみよう。まず，原子の中で最も単純である水素原子について考えてみることにしよう。水素原子は，一つの陽子からなる原子核と一つの電子の二つの粒子で構成されている。原子核の質量は電子に比べて充分に大きい†ので，ここでは，原子核を原点とした座標系を考えて，原子核の運動は考えないという近似（断熱近似）に基づいて考えていくことにしよう。また，原子核と電子との間に働くクーロ

† 陽子の質量は電子の約 1 840 倍である。

ン相互作用が，シュレーディンガー方程式におけるポテンシャルになるので，デカルト座標 (x, y, z) を用いるよりも，**図5.5**に示すような球座標 (r, θ, φ) を用いるほうが便利である。ここで，デカルト座標 (x, y, z) と球座標 (r, θ, φ) の関係は

$$\left.\begin{aligned} x &= r\sin\theta\cos\varphi \\ y &= r\sin\theta\cos\theta \\ z &= r\cos\theta \end{aligned}\right\} \tag{5.15}$$

である。球座標を用いた場合の3次元のシュレーディンガー方程式は，少し複雑な形となるが

$$\left[-\frac{\hbar^2}{2mr^2}\left\{\frac{\partial}{\partial r}\left(r^2\frac{\partial}{\partial r}\right)+\frac{1}{\sin\theta}\frac{\partial}{\partial\theta}\left(\sin\theta\frac{\partial}{\partial\theta}\right)+\frac{1}{\sin^2\theta}\frac{\partial^2}{\partial\varphi^2}\right\}+V(r)\right]$$
$$\times\Psi(r, \theta, \varphi)=E\Psi(r, \theta, \varphi) \tag{5.16}$$

と表すことができ，これを解くことにより，水素原子中の電子の振る舞いを記述することができる。

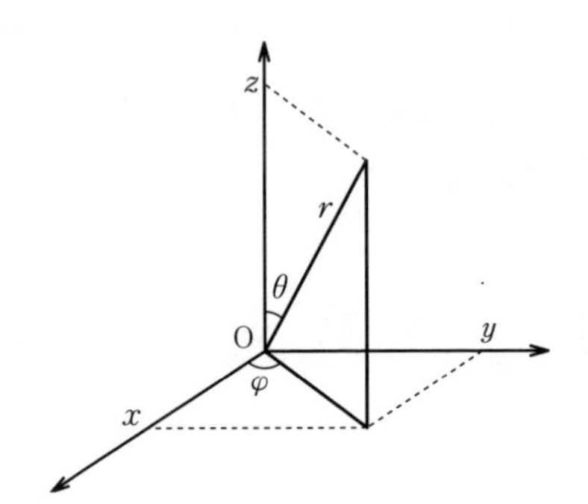

図5.5　球座標

まず，原子核である陽子と電子との間のポテンシャル $V(r)$ は

$$V(r)=-\frac{1}{4\pi\varepsilon_0}\frac{e^2}{r} \tag{5.17}$$

と書ける。ここで，e は電気素量，ε_0 は真空の誘電率，r は原子核から電子までの距離である。式(5.16)における波動関数 $\Psi(r,\ \theta,\ \varphi)$ が r と θ，φ で変数分離できるものと考えて

$$\Psi(r, \theta, \varphi)=R_{n,l}(r)Y_{l,m}(\theta, \varphi) \tag{5.18}$$

と書けるものとする。ここで，$R_{n,l}(r)$ を**動径関数**（radial function），$Y_{l,m}(\theta, \varphi)$

を**角関数**（angular function）という。$R_{n,l}(r)$ と $Y_{l,m}(\theta,\varphi)$ について式(5.16)を

$$\left\{-\frac{\hbar^2}{2m}\left(\frac{d^2}{dr^2}+\frac{2}{r}\frac{d}{dr}-\frac{l(l+1)}{r^2}\right)+V(r)\right\}R_{n,l}(r)=ER_{n,l}(r) \tag{5.19}$$

$$\left\{\frac{1}{\sin\theta}\frac{\partial}{\partial\theta}\left(\sin\theta\frac{\partial}{\partial\theta}\right)+\frac{1}{\sin^2\theta}\frac{\partial^2}{\partial\varphi^2}+l(l+1)\right\}Y_{l,m}(\theta,\varphi)=0 \tag{5.20}$$

と二つの式に分解することができる。ここで，添え字である n, l, m は，それぞれ，原子中の電子の状態を規定する量子数であり，n を**主量子数**（principal quantum number），l を**方位量子数**（azimuthal quantum number），m を**磁気量子数**（magnetic quantum number）という。n は 1, 2, …または K, L, M, …で表され，l は $0, 1, \cdots, n-1$ の値をとり，s, p, d, f, g, h, …で表される。そして m は $-l, -(l-1), \cdots, 0, \cdots, l-1, l$ の値をとり，方位量子数の添え字として，$x, y, z, \cdots$ などで表される。式(5.19)と(5.20)は，それぞれ解析的に解くことができて，それぞれの方程式から求めた $R_{n,l}(r)$ と $Y_{l,m}(\theta,\varphi)$ を式(5.18)に代入することにより，原子の中の電子の波動関数，すなわち**原子軌道関数**（atomic orbital function）を得ることができる。

5.2.2 動　径　関　数

まず，動径関数 $R_{n,l}(r)$ について，詳しく見てみることにしよう。動径関数は変数分離したシュレーディンガー方程式の一つである式(5.19)を解いて得られた解である。波動関数を実数型として，式(5.19)を解いて得られた解を**表 5.1** にまとめた。ここで，$\rho=r/r_0$ であり，r_0（=0.529Å）はボーア半径である。

表 5.1 にまとめた動径関数の一部を**図 5.6** に示した。関数形からも明らかなように，s 軌道は，$\rho=0$ において 0 でない有限の値をとり，1s 軌道では，$R_{n,l}(\rho)$ は ρ の増加にともなって単調減少し，$R_{n,l}(\rho)=0$ に漸近していく。主量子数が一つ増えた 2s 軌道では，いったん減少し，$R_{n,l}(\rho)=0$ を越えて負の値となった後に，$R_{n,l}(\rho)=0$ に漸近している。さらに主量子数が一つ増えた 3s 軌道では，$R_{n,l}(\rho)=0$ をまたぐ回数がもう 1 回増えて，$R_{n,l}(\rho)=0$ に漸近する形となっている。これは，前述の井戸型ポテンシャル中の粒子に対するシュレー

表 5.1　動径関数

原子軌道	$R_{n,l}(\rho)$
1s	$2e^{-\rho}$
2s	$\frac{1}{2\sqrt{2}}(2-\rho)e^{-\rho/2}$
3s	$\frac{2}{81\sqrt{3}}(27-18\rho+2\rho^2)e^{-\rho/3}$
4s	$\frac{1}{192}(48-144\rho+24\rho^2-\rho^3)e^{-\rho/4}$
2p	$\frac{1}{2\sqrt{6}}\rho e^{-\rho/2}$
3p	$\frac{4}{81\sqrt{6}}\rho(6-\rho)e^{-\rho/3}$
4p	$\frac{1}{256\sqrt{15}}\rho(80-20\rho+\rho^2)e^{-\rho/4}$
3d	$\frac{4}{81\sqrt{30}}\rho^2 e^{-\rho/3}$
4d	$\frac{1}{768\sqrt{5}}\rho^2(12-\rho)e^{-\rho/4}$
4f	$\frac{1}{768\sqrt{35}}\rho^3 e^{-\rho/4}$

ディンガー方程式の解である波動関数において，量子数を増やした場合の振る舞いと同様であることが確認できる。

つぎに，p 軌道と d 軌道について見てみよう。表 5.1 に示した関数形からもわかるように，p 軌道と d 軌道は $\rho=0$ において 0 となり，すべて原点を通る。まず，2p 軌道を見てみると，原点からいったん上昇したのち，$R_{n,l}(\rho)=0$ に漸近し，s 軌道と同様に主量子数が一つ増えた 3p 軌道では，$R_{n,l}(\rho)=0$ をいったん越えた後に，$R_{n,l}(\rho)=0$ に漸近している。d 軌道においても同様であることを各自確認してほしい。ここまでは，波動関数の 1 乗の状態でそれらの特性を見てきたが，物理的意味を考えると，波動関数の 2 乗，すなわち $|R_{n,l}(\rho)|^2$ を考えることも重要である。

ここで，単に ρ 方向のみに対する $|R_{n,l}(\rho)|^2$ を考えると，1 次元での存在確率

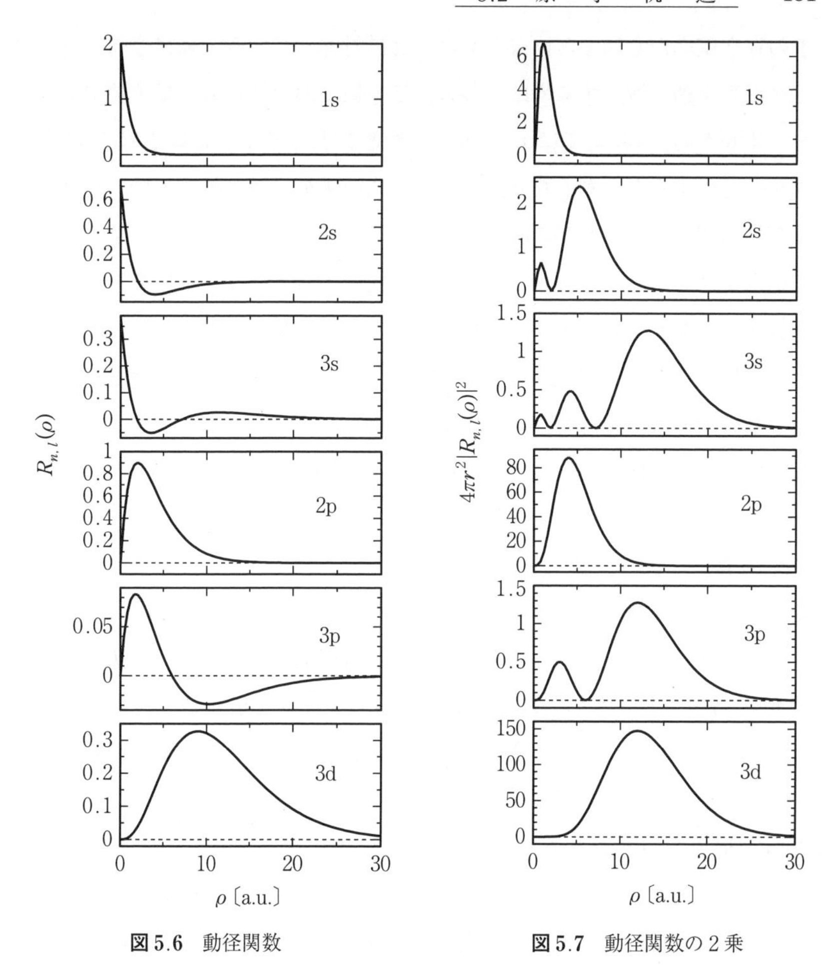

図 5.6 動径関数

図 5.7 動径関数の 2 乗

の議論になるので，球座標における 3 次元での存在確率を考えるために，$4\pi r^2$ を掛けたもの，すなわち $4\pi r^2|R_{n,l}(\rho)|^2$ を考えることとして，**図 5.7** に示した。この図は，原子核から遠ざかる方向に電子の存在確率が連続的に分布していることを示しており，原子核のまわりを電子が周回する土星型モデルのように，原子核から一定の距離を周回しているのではないことを示している。また，図 5.6 に示した波動関数の 1 乗において，主量子数の増加にともなって $R_{n,l}(\rho)=0$ をまたぐ回数が増加することが，存在確率を表す波動関数の 2 乗においては，

電子の存在確率が0になる位置があることに対応している。動径方向に一つのピークから単調に減少するのは，各方位量子数において最も主量子数が小さい場合，すなわち，s軌道では1s軌道，p軌道では2p軌道，d軌道では3d軌道のみが，そのような分布となり，それより高い主量子数の軌道では，動径方向の分布に粗密があることがこの図から確認できる。なお，前期量子論で考えられていたような，原子核のまわりを電子が周回するような土星型モデルでは，量子数が大きな軌道の電子は，それより小さな量子数の軌道よりつねに外側の軌道を周回するものと考えるが，シュレーディンガー方程式の解である波動関数の2乗の分布からは，例えば，一番量子数の低い1s軌道に対してでも，それよりも内側に2s軌道が一部分布していることが図5.7から確認できるであろう。

5.2.3 角　関　数

変数分離したもう一方のシュレーディンガー方程式（式(5.20)）の解である，角関数 $Y_{l,m}(\theta,\varphi)$ について見てみよう。角関数は，方位量子数 l と磁気量子数 m で特定されるものであり，原子軌道の空間的な広がりを表すものである。l と m のそれぞれの組合せについて，それらの形状を**図5.8**に示す。この図に示した形状は，波動関数の2乗に相当する存在確率の分布がある割合以上になった境界を表したものである。5.2.1項で述べたとおり，磁気量子数 m は，$m=-l, \cdots, 0, \cdots, l$ で表されるので，s軌道（$l=0$）は，磁気量子数が1種類（$m=0$）しかなく，一般に磁気量子数の表示を省略する。s軌道の分布の形状は球状となる。p軌道（$l=1$）では，磁気量子数が3種類（$m=-1, 0, 1$）あり，それぞれの形状は，図の三つの p_x，p_y，p_z 軌道に相当している。d軌道（$l=2$）では，磁気量子数が5種類（$m=-2, -1, 0, 1, 2$）あり，それぞれの形状は図の五つの d_{xy}, d_{yz}, d_{zx}, $d_{x^2-y^2}$, d_{z^2} 軌道に相当している。p軌道やd軌道において，異なる磁気量子数をもっていたとしても，例えば，p軌道では x, y, z という三つの方向が異なるだけであり，三つの軌道のエネルギー固有値は同じになる。そのように，空間的には異なる軌道であっても，同じエネルギー固有値を持つ軌道のことを**縮退**（degenerate）している軌道といい，n 個の軌道が

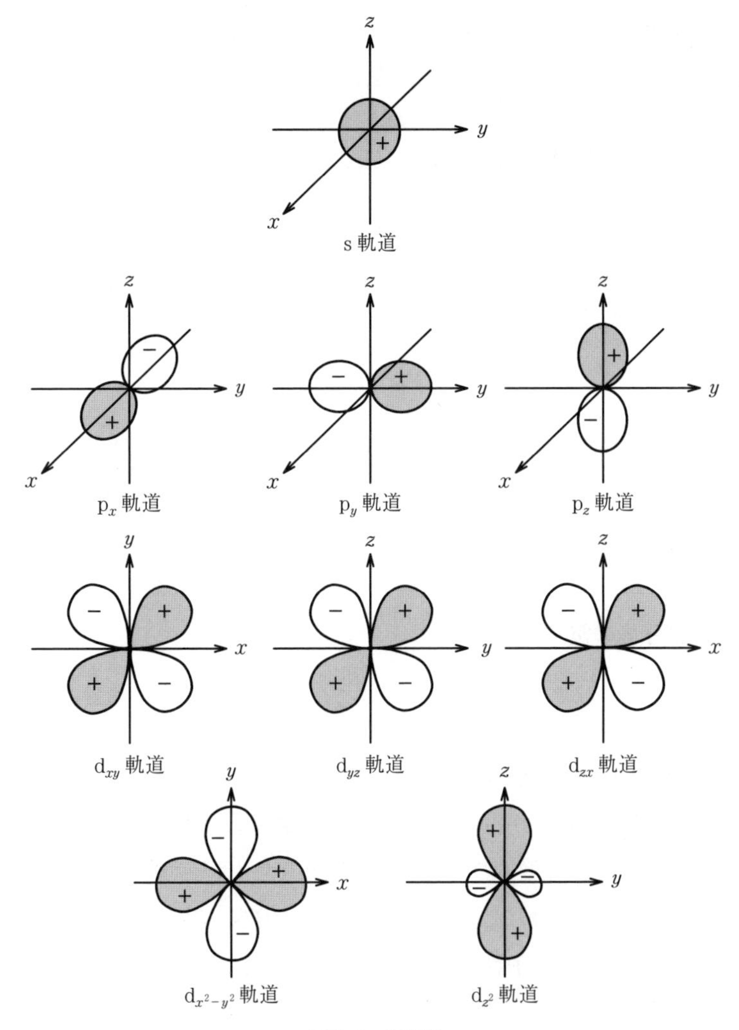

図 5.8 角関数

縮退している場合，n 重に縮退しているという。したがって，p 軌道は 3 重に縮退，d 軌道は 5 重，f 軌道は 7 重に縮退している軌道である。

ここで，図 5.8 中で正負の符号が付いていることに注目してみよう。これらの符号は波動関数の 1 乗の符号を示していて，例えば，2p$_x$ 軌道の分布と符号の関係を図示すると，**図 5.9** のようになっており，波動関数の正負の向きが原

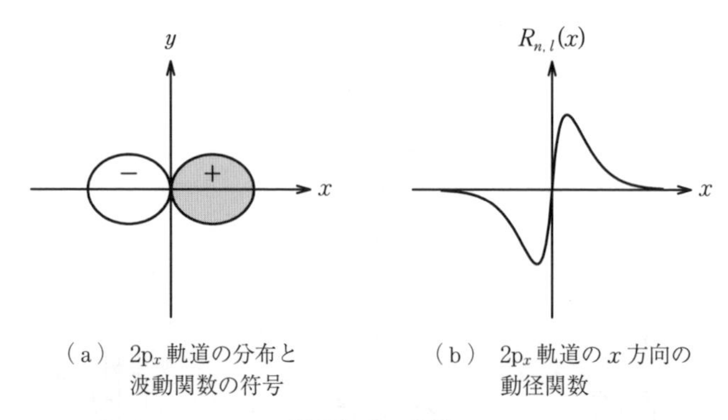

（a） $2p_x$ 軌道の分布と波動関数の符号　（b） $2p_x$ 軌道の x 方向の動径関数

図 5.9　$2p_x$ 軌道

点（原子核の位置）を境に逆転していることを意味している。次節で原子軌道関数の重なりから化学結合について説明するが，この波動関数の向き（符号）が，化学結合においては重要な意味を持っている。

5.2.4　原子内の電子占有

ここでは，原子軌道への電子の占有の仕方について考えてみよう。二つ以上の電子が同じ状態をとることはない，すなわち，同じ量子数をとることはないという，**パウリの排他原理**（Pauli's exclusion principle）に従って，エネルギーの低い軌道から順に電子が占有されていく。主量子数と方位量子数を用いて**図 5.10** のように示すと，電子の占有順序は理解しやすい。原子の中の電子については，これまでに登場した三つの量子数（主量子数，方位量子数，磁気量子数）に加えて，**スピン量子数**（spin quantum number）を加えることによって，すべての電子に固有の量子数が与えられることになる。ここで，スピン量子数は，s で表され，上向きと下向きの矢印（↑，↓）や，α スピンと β スピン，$+1/2$ と $-1/2$ などの形で表される。これら四つの量子数を用いて，図 5.10 に従って，具体的にどのように電子が占有されていくかを，H から He までについて**表 5.2** にまとめた。この表では，上向き矢印が上向きスピンの電子を，下向き矢印が下向きスピンの電子を表している。パウリの排他原理に従いながら，H 原子では，1s 軌道に上向きスピンを持った電子が一つ入るところから始まり，

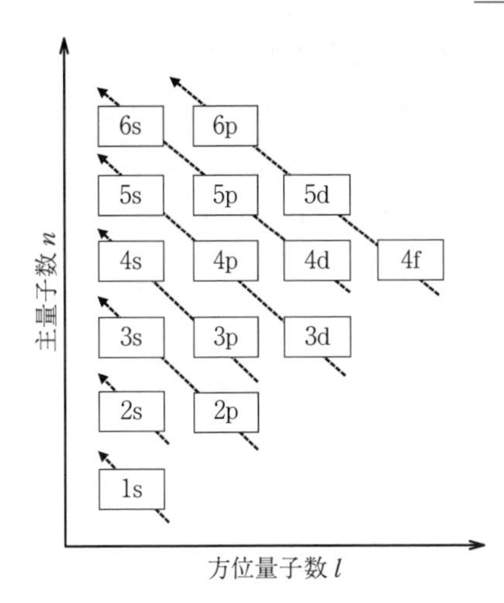

図 5.10 原子軌道への電子の占有順序

表 5.2 原子軌道への電子の占有

原子番号	元　素	1s	2s	$2p_x$	$2p_y$	$2p_z$
1	H	↑				
2	He	↑↓				
3	Li	↑↓	↑			
4	Be	↑↓	↑↓			
5	B	↑↓	↑↓	↑		
6	C	↑↓	↑↓	↑	↑	
7	N	↑↓	↑↓	↑	↑	↑
8	O	↑↓	↑↓	↑↓	↑	↑
9	F	↑↓	↑↓	↑↓	↑↓	↑
10	Ne	↑↓	↑↓	↑↓	↑↓	↑↓

He 原子では，1s 軌道に上向きスピンに加えて，下向きスピンの電子が入る。

つぎに，Li 原子では，2s 軌道に上向きスピンが一つ，Be 原子では，2s 軌道が両方向のスピンの電子で占有される。さらに，B 原子では $2p_x$ 軌道に上向きスピンの電子が一つ入り，C 原子では $2p_x$ と $2p_y$，N 原子では $2p_x$，$2p_y$，$2p_z$ 軌道に上向きのスピンが入り，O，F，Ne 原子の順に，$2p_x$，$2p_y$，$2p_z$ に一つずつ下向きスピンの電子を増やしながら占有されていく。C，N 原子において，スピンの向きをそろえたまま，異なる磁気量子数の軌道に電子が占有される法則を**フント則**（Hund's rule）という。3d 遷移金属は原子番号 21 番の V から順に 3d 軌道に電子が入っていくが，この場合もフント則に従って，原子番号 25 番の Mn までは順に上向きスピンの電子が収容され，26 番の Fe で上向き 5 個と下向き 1 個となり，その後は下向きスピンの電子が順に収容されていく。3d 遷移金属元素は，磁性元素と呼ばれることもあるが，このようにスピンをそろえた電子のスピン軌道角運動量を合成したものが**磁気モーメント**（magnetic moment）の起源である。

5.2.5 多電子原子

ここまでは，球座標におけるシュレーディンガー方程式を解いて，解析解が得られる場合について説明してきたが，実際には，式 (5.16) を変数分離して得られる式 (5.19) と (5.20) は，水素原子の場合，すなわち原子核と電子の**2体問題**（binary problem）の場合のみ解析的に解くことができるものである。電子が二つ以上となった場合は**多体問題**（many body problem）としての取り扱いが必要となり，解析解を得ることは特殊な条件下以外では不可能である。2 個以上の電子を含む原子（**多電子原子**（many-electron atom）と呼ぶ）に対する詳しい記述については，本書の目的を超えるものとなるので，ここでは重要な考え方を概説するにとどめ，詳細については，本章末の文献 1)，2)，5) を参照されたい。多電子原子に対しては，**図 5.11** に示したように，電子一つ

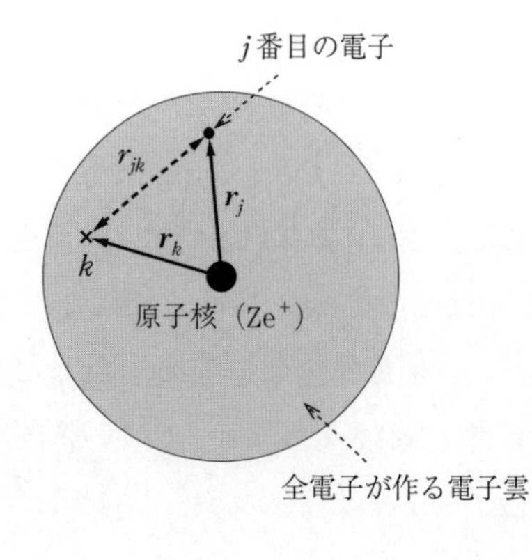

図 5.11　一電子近似

ずつに番号を振って，注目する電子（図中では，j番目の電子）とそのほかの電子に分ける，**一電子近似**（one electron approximation）という方法に基づいて考える。このj番目の電子の波動関数（一電子波動関数と呼ぶ）に対して，シュレーディンガー方程式を考えると，その電子に働くポテンシャルは，その電子と原子核との間，およびその電子とほかの電子との間のクーロンポテンシャルとなる。ほかの電子とのポテンシャルについて，一電子近似では，全体の電子が定常状態で作る電荷分布をもとにして，すべての電子とj番目の電子との間のポテンシャルを考え，そこからそれに含まれてしまっているその電子自身の電荷分布とのポテンシャルを差し引いて考える。系全体（ここでは多電子原子全体）の波動関数については，いくつかの近似法があるが，最も単純なものであるハートリー近似では，全電子系の波動関数をすべての一電子波動関数の積で表している。

5.3　分　子　軌　道

5.3.1　分子軌道法

前節では，原子の中の電子に対してシュレーディンガー方程式を適用してきたが，ここでは，原子の集合体である分子の中の電子について考えてみよう。原子の中の電子は，原子核を中心とする球対称なポテンシャル中での電子の運動を考えることができたが，分子の場合，ポテンシャル中心となる原子核が複数存在しているため，原子に比べて状況はより複雑になっている。分子の中の電子に対する波動関数を**分子軌道**（molecular orbital）または**分子軌道関数**（molecular orbital function）と呼び，それを表す方法に，**分子軌道法**（molecular orbital method）がある。分子軌道法では，分子内の一つの電子の波動関数を，分子を構成する原子の原子軌道関数の1次線形結合で表す。すなわち

$$\varphi_j = \sum_i C_i^j \chi_i \tag{5.21}$$

と表す。ここで，φ_jはj番目の軌道に対する分子軌道関数，C_i^jは係数，χ_iは

原子軌道関数である。この近似法は，原子軌道関数の1次線形結合を英語表記したLinear Combination of Atomic Orbitalsの頭文字をとって，**LCAO近似**（LCAO approximation）と呼ばれる。LCAO近似を用いた分子軌道関数の表し方の一例として，一酸化炭素（CO）分子の場合を考えてみよう。基底状態において，1s，2s，2p軌道に，炭素原子には，それぞれ2個ずつの電子が，酸素原子にはそれぞれ2, 2, 4個の電子が占有されている。それら二つの原子が結合し，一酸化炭素分子を形成した場合には，それぞれの原子軌道である1s, 2s, 2p軌道，すなわち$\chi_{\mathrm{C,1s}}$，$\chi_{\mathrm{C,2s}}$，$\chi_{\mathrm{C,2p}}$，$\chi_{\mathrm{O,1s}}$，$\chi_{\mathrm{O,2s}}$，$\chi_{\mathrm{O,2p}}$を用いて，分子軌道関数φ_jを

$$\varphi_j = C^j_{\mathrm{C,1s}}\chi_{\mathrm{C,1s}} + C^j_{\mathrm{C,2s}}\chi_{\mathrm{C,2s}} + C^j_{\mathrm{C,2p}}\chi_{\mathrm{C,2p}} + C^j_{\mathrm{O,1s}}\chi_{\mathrm{O,1s}} + C^j_{\mathrm{O,2s}}\chi_{\mathrm{O,2s}} + C^j_{\mathrm{O,2p}}\chi_{\mathrm{O,2p}} \tag{5.22}$$

と表すことができる。

5.3.2 水 素 分 子

それでは，LCAO近似を最も簡単な等核2原子分子である水素分子に適用したシュレーディンガー方程式について考えよう。このシュレーディンガー方程式を解析的に解くことは困難なので，ここでは変分法†を用いて分子軌道関数とエネルギー固有値を具体的に求めることにする。いま，水素分子は，二つの水素原子$\mathrm{H_A}$, $\mathrm{H_B}$から構成されており，それぞれの原子軌道関数として既知である1s軌道のみを考えることとして，それぞれχ_{A}，χ_{B}とおく。LCAO近似を用いて，水素分子の分子軌道関数φ_jは

$$\varphi_j = C_{\mathrm{A}}\chi_{\mathrm{A}} + C_{\mathrm{B}}\chi_{\mathrm{B}} \tag{5.23}$$

と書ける。これを一つの電子に対するシュレーディンガー方程式に代入すると

$$h_j(C_{\mathrm{A}}\chi_{\mathrm{A}} + C_{\mathrm{B}}\chi_{\mathrm{B}}) = \varepsilon_j(C_{\mathrm{A}}\chi_{\mathrm{A}} + C_{\mathrm{B}}\chi_{\mathrm{B}}) \tag{5.24}$$

となる。ここで，h_jは一電子ハミルトニアン，ε_jは一電子エネルギー固有値である。この式の両辺に左側からφ_j^*を掛けて全空間で積分し，左辺と右辺の差を$F(C_{\mathrm{A}}, C_{\mathrm{B}})$とおくと

† 変分法についての詳細は，本章末の文献1)，2)，5）を参照されたい。

$$F(C_A, C_B) = C_A^2 H_{AA} + C_B^2 H_{BB} + 2C_A C_B H_{AB} - \varepsilon_j (C_A^2 + C_B^2 + 2C_A C_B S_{AB}) \tag{5.25}$$

となる。ここで，H_{ij}，S_{ij} は

$$H_{ij} = \int \chi_i^* h \chi_j \, d\tau \tag{5.26}$$

$$S_{ij} = \int \chi_i^* \chi_j \, d\tau \tag{5.27}$$

と表され，それぞれ**共鳴積分**（resonance integral），**重なり積分**（overlap integral）と呼ばれ，また，原子軌道に対する規格化条件

$$\int |\chi_A|^2 d\tau = \int |\chi_B|^2 d\tau = 1 \tag{5.28}$$

を用いた。レイリー・リッツの変分法では，この $F(C_A, C_B)$ に対して

$$\frac{\partial F}{\partial C_A} = \frac{\partial F}{\partial C_B} = 0 \tag{5.29}$$

という条件から，C_A，C_B を決定して分子軌道関数を求める。まず，式 (5.25) に $\partial F / \partial C_A = 0$ を適用すると

$$\frac{\partial F}{\partial C_A} = 2\{C_A (H_{AA} - \varepsilon_j) + C_B (H_{AB} - \varepsilon_j S_{AB})\} = 0 \tag{5.30}$$

となる。水素分子の対称性を考慮すると

$$H_{AB} = H_{BA} \tag{5.31}$$

である。C_B についても同様に考えて，両者をまとめると

$$C_A (H_{AA} - \varepsilon_j) + C_B (H_{AB} - \varepsilon_j S_{AB}) = 0 \tag{5.32}$$

$$C_A (H_{AB} - \varepsilon_j S_{AB}) + C_B (H_{BB} - \varepsilon_j) = 0 \tag{5.33}$$

という連立方程式が得られる。これを行列の形で表すと

$$\begin{pmatrix} H_{AA} & H_{AB} \\ H_{AB} & H_{BB} \end{pmatrix} \begin{pmatrix} C_A \\ C_B \end{pmatrix} = \begin{pmatrix} \varepsilon_j & \varepsilon_j S_{AB} \\ \varepsilon_j S_{AB} & \varepsilon_j \end{pmatrix} \begin{pmatrix} C_A \\ C_B \end{pmatrix} \tag{5.34}$$

となり，これを**永年方程式**（secular equation）と呼ぶ。この方程式が自明でない解を持つための条件は

$$\begin{vmatrix} H_{AA} - \varepsilon_j & H_{AB} - \varepsilon_j S_{AB} \\ H_{AB} - \varepsilon_j S_{AB} & H_{BB} - \varepsilon_j \end{vmatrix} = 0 \tag{5.35}$$

である。この行列式のことを**永年行列式**（secular determinant）といい，エネルギー固有値 ε_j は，この行列式から計算できる。すなわち

$$(H_{AA}-\varepsilon_j)^2-(H_{AB}-\varepsilon_j S_{AB})^2=0 \tag{5.36}$$

より

$$\varepsilon_+=\frac{H_{AA}+H_{AB}}{1+S_{AB}} \tag{5.37}$$

$$\varepsilon_-=\frac{H_{AA}-H_{AB}}{1-S_{AB}} \tag{5.38}$$

となり，水素分子の分子軌道に対するエネルギー固有値を得ることができた。ここで，水素分子の対称性より，$H_{AA}=H_{BB}$ とした。

つぎに，分子軌道関数 φ_j を決めるために，LCAO の係数である C_A，C_B を求めてみよう。分子軌道関数の 2 乗を全空間で積分すると，その分子軌道関数は一つの電子に対するものなので，規格化条件より 1 となる。すなわち

$$\int|\varphi_j|^2 d\tau=C_A^2+C_B^2+2C_A C_B S_{AB}=1 \tag{5.39}$$

となる。さらに，水素分子の対称性を考えると，$C_A=C_B$ または，$C_A=-C_B$ である必要があり，それを式 (5.39) に代入すると

$$C_A=C_B=\sqrt{\frac{1}{2(1+S_{AB})}} \tag{5.40}$$

$$C_A=-C_B=\sqrt{\frac{1}{2(1-S_{AB})}} \tag{5.41}$$

となり，これらを用いて，水素分子の分子軌道関数は

$$\varphi_+=C_A(\chi_A+\chi_B)=\sqrt{\frac{1}{2(1+S_{AB})}}\,(\chi_A+\chi_B) \tag{5.42}$$

$$\varphi_-=C_A(\chi_A-\chi_B)=\sqrt{\frac{1}{2(1-S_{AB})}}\,(\chi_A-\chi_B) \tag{5.43}$$

と書ける。ここで，分子軌道関数とエネルギー固有値の添え字となっている符号は，それぞれ対応している。

それでは，LCAO 近似を用いて考えた水素分子の分子軌道関数，すなわち，式 (5.42) と (5.43) を図示して，化学結合について考えてみよう。まず，二つ

の原子核を通る軸上で二つの水素原子の 1s 軌道を φ_+ に相当する和 $(\chi_A+\chi_B)$ と，φ_- に相当する差 $(\chi_A-\chi_B)$ のもとになる原子軌道を描くと，**図 5.12** の上段（a）のようになる。二つの分子軌道 φ_+ と φ_- を示したものが，中段（b）であり，下段（c）は，中段の 2 乗を図示したものである。下段（c）の波動関数の 2 乗の分布を見ると，φ_+ では，二つの原子核間の分布が原子核外の分布よりも多く，逆に φ_- では，原子核間の分布が外側より少なくなっている。

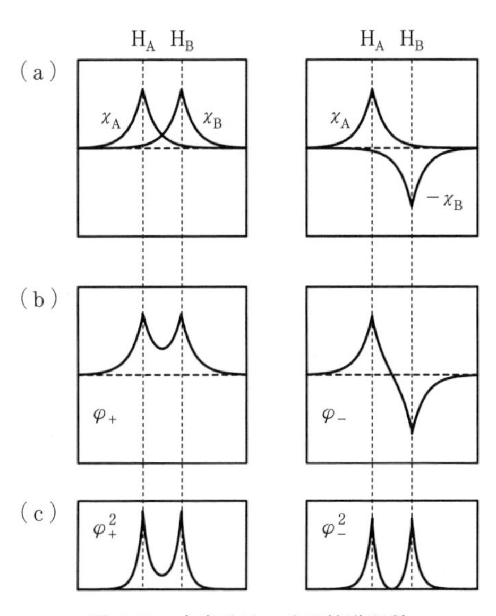

図 5.12 水素分子の分子軌道関数

ここで，得られたエネルギー固有値を用いて，水素分子のエネルギー準位図を描くと，**図 5.13** のようになっている。一つの分子軌道には，上向きと下向きの二つのスピン量子数を持つ電子を収容できるので，水素分子では，φ_+ にのみ電子が収容されることになる。したがって，水素分子においては，電子は

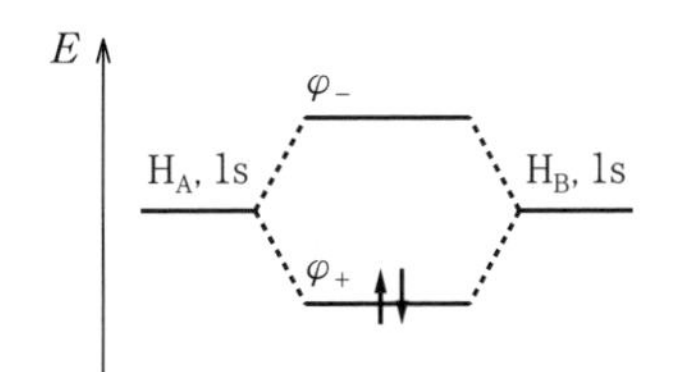

図 5.13 水素分子のエネルギー準位図

原子核間により多く分布している形，すなわち二つの原子核との相互作用を受けやすい位置に電子の存在確率が高くなる。φ_+とφ_-の違いは，LCAO近似において，原子軌道を同じ向きで重ね合わせたか，逆の向きで重ね合わせたかの違いであり，化学結合を考える場合，LCAO近似のもととなる原子軌道関数の向きが重要な意味を持っている。φ_+のように原子核間の存在確率が大きくなるような分子軌道のことを**結合軌道**（bonding orbital），逆にφ_-のような軌道を**反結合軌道**（antibonding orbital）と呼ぶ。

5.4　結晶中の電子

5.4.1　自由電子モデル

前節では，原子の凝集体として分子を考え，分子の中の電子のシュレーディンガー方程式の取り扱いについて説明した。原子の凝集体として原子が周期的に配列している場合，すなわち結晶においては，異なる考え方が必要となる。本節では，周期的に原子が配列した結晶中の電子の取り扱いのなかでも最も単純な**自由電子モデル**（free electron model）について説明する。

まず，**図5.14**に示すような，1次元に周期lで原子が周期的に配列している，長さLの1次元結晶について考えることにしよう。いま，一つの原子から一つずつの**自由電子**（free electron）が供給されていると考えると，L/l個の自由電子がこの結晶中に含まれていることになるが，自由電子という名前で表すとおり，これら自由電子どうしの間，自由電子と原子核および自由電子とそれら以外の電子（内殻電子）との相互作用は働かないものと考える。したがって，一つの自由電子に着目するときには，5.1節で示したような，無限にポテンシャルが高い幅Lの井戸型ポテンシャル中に存在する一つの電子と考

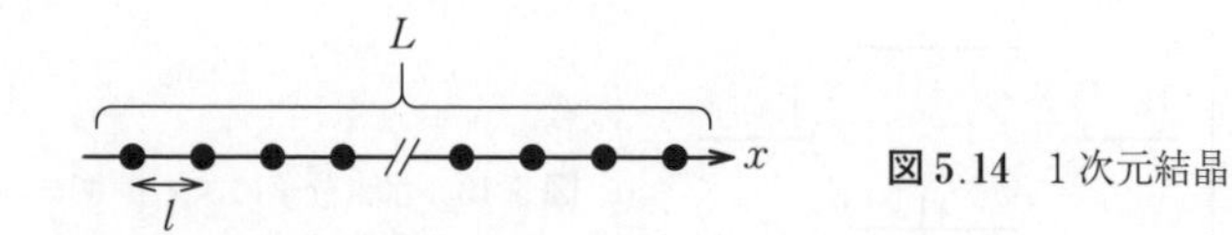

図5.14　1次元結晶

えることができるので，それぞれの自由電子のシュレーディンガー方程式は

$$-\frac{\hbar^2}{2m}\frac{d^2}{dx^2}\Psi(x)=E\Psi(x) \tag{5.44}$$

と書ける。この一般解は，複素数を用いる場合，規格化条件を用いて

$$\Psi(x)=\frac{1}{\sqrt{L}}e^{ikx} \tag{5.45}$$

と書ける。ただし

$$k=\frac{\sqrt{2mE}}{\hbar} \tag{5.46}$$

である。

ここで，この1次元結晶の端を原点（$x=0$）と考えると

$$\Psi(0)=\Psi(L)=0 \tag{5.47}$$

となる。さらにこれに加えて，結晶としての条件は，「原子が無限に周期的に配列している」と考えることになるので，この1次元結晶においては

$$\Psi(x)=\Psi(x+L) \tag{5.48}$$

という条件が必要となり，この条件を周期的境界条件という。式(5.48)より

$$k=\frac{2\pi n}{L} \qquad (n=1,\ 2,\ \cdots) \tag{5.49}$$

である。すなわち，波数kはLが十分に大きいときは，ほぼ連続的になるが，あくまで離散値であることは注意すべき点である。

以上より，自由電子の波動関数は波数kの**平面波**（plane wave）で表され，エネルギー固有値Eは波数kを用いて

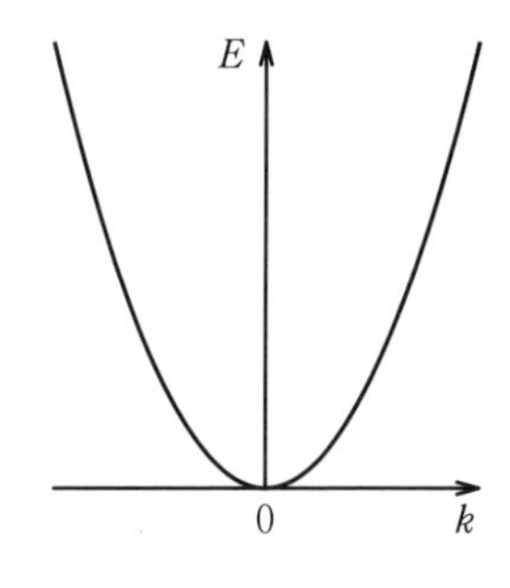

図5.15 自由電子の波数kとエネルギー固有値Eの関係

$$E=\frac{\hbar^2k^2}{2m} \tag{5.50}$$

と表すことができ，**図 5.15** に示すような k に対する放物線となる。

5.4.2 状 態 密 度

つぎに，原子や分子のような孤立状態，すなわち非周期系に対して考えたような波動関数のエネルギー準位について考えることにする。結晶においては，波動関数のエネルギー分布は連続的な分布となるため，エネルギー E と $E+dE$ の間に存在する状態数（波動関数の数）を考え，それを**状態密度**（density of states）と呼び $D(E)$ で表す。ここで，自由電子の総数を N とすると，エネルギーが最も低い $n=1$ の状態から $n=N$ まで電子が占有されることとなる。占有されている最もエネルギーが高い準位のことを**フェルミ準位**（Fermi level）といい，そのエネルギーを**フェルミエネルギー**（Fermi energy）と呼ぶ。フェルミエネルギー ε_{f} は

$$\varepsilon_{\mathrm{f}}=\frac{\hbar^2}{2m}\left(\frac{N\pi}{L}\right)^2 \tag{5.51}$$

と表すことができる。ここで，E_0 より小さなエネルギーを持つ電子の総数 N_0 は

$$N_0=\frac{L^3}{3\pi^2}\left(\frac{2mE}{\hbar^2}\right)^{3/2} \tag{5.52}$$

であるから，自由電子の状態密度 $D(E)$ は

$$D(E)=\frac{dN_0}{dE}=\frac{L^3}{2\pi^2}\left(\frac{2m}{\hbar^2}\right)^{3/2}E^{1/2} \tag{5.53}$$

と書け，それを図示したものが**図 5.16** である。上式からもわかるとおり，自由電子モデルでは状態密度はエネルギーの 1/2 乗に比例しており，放物線の分布となる。状態すなわち波動関数は，フェルミエネルギーまで電子が占有され，それよりも高いエネルギーでは電子が占有されていない状態が続くことになる。

本節のここまでの議論は，すべて自由電子に対するものであったが，本来，結晶中では，原子配列の周期にともなったポテンシャルの変化がある。そのような周期ポテンシャルが存在するときの波動関数は，**ブロッホ関数**（Bloch's

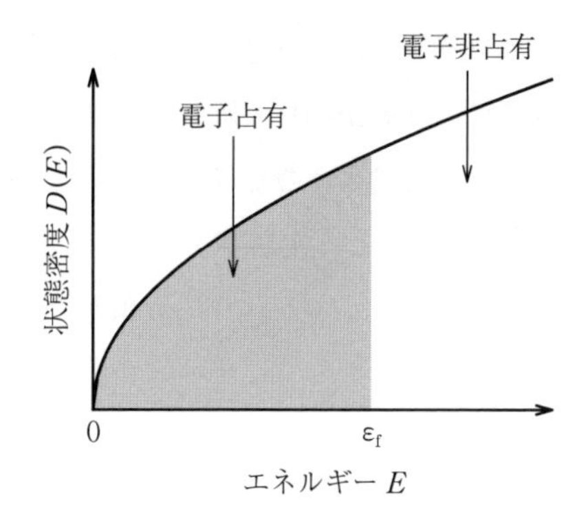

図 5.16　自由電子の状態密度

function）[†]を用いて表すことが可能である。

5.5　具体的な物質の電子状態の見方

本章では，ここまでシュレーディンガー方程式を用いて原子や分子，結晶中に存在する電子の波動関数やエネルギー固有値を求める方法について説明してきた。本節では，それらの基本的な考え方をもとにして，具体的な物質の電子状態の見方について，例を用いながら説明していくことにする。

5.5.1　分子の電子状態の具体例

分子軌道の説明においては，水素分子を取り上げて，1s 軌道だけからなる波動関数の重ね合わせを LCAO 近似を用いて考えたが，ここでは，もう少し複雑な等核 2 原子分子として，窒素分子 N_2 と酸素分子 O_2 を取り上げて，それらの違いについて考えてみよう。

はじめに，窒素原子は，基底状態では 1s，2s，2p 軌道に，それぞれ 2, 2, 3 個の電子が収容され，合計 7 個の電子を持つので，窒素分子には 14 個の電子が含まれている。窒素原子の 1s 軌道は，その分布が原子核周辺に偏っており，周辺の原子との結合への関与が小さく，孤立した原子として存在しているとき

† 　ブロッホ関数についての詳細は，本章末の文献 1)，8)，9）を参照されたい。

と，ほぼ同じ状態である。そのように孤立原子の原子軌道と同様に取り扱うことができるような原子軌道のことを**内殻**（inner shell）と呼ぶ。一方，2s，2p軌道の分布は隣接原子との重なりも大きく，そのような原子軌道のことを**外殻**（outer shell）と呼ぶ。また，対称性を考慮すると，定常状態では二つの窒素原子が等価である必要があるので，2s 軌道どうし，あるいは 2p 軌道どうしの結合だけが許される。

まず，2s 軌道どうしが作る分子軌道について，LCAO 近似に基づいて考えてみよう。2s 軌道は球形であり，水素原子の 1s 軌道どうしの場合と同様に考えることができ，その和と差を二つの原子核が存在する方向を z 軸として模式的に表すと，**図 5.17** のようになる。同じ符号で和をとった場合，二つの原子核間で符号の反転がなく結合軌道になり，異符号の和（もしくは同符号の差）をとった場合には，反結合軌道となっている。

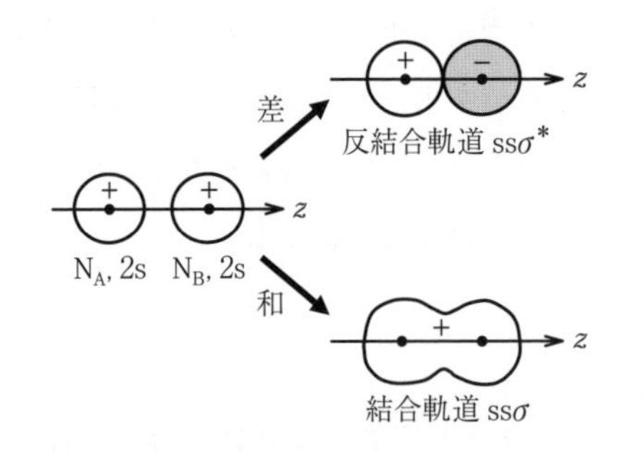

図 5.17　窒素分子の 2s 軌道どうしが作る分子軌道

つぎに，2p 軌道どうしの結合について考えてみよう。いま，二つの原子核が存在する方向に沿って z 軸をとっているので，x 軸，y 軸方向に沿った p_x 軌道と p_y 軌道は等価である。まず，$2p_z$ 軌道どうしで作る分子軌道について，2s 軌道どうしのように波動関数の和と差という形で，模式的に**図 5.18** に示した。2s 軌道どうしの場合と同様に，核間で波動関数の符号が反転せず，核間のほうに存在確率が高くなる結合軌道と，反結合軌道とになることが見て取れるだろう。さらに，2s 軌道どうしと，$2p_z$ 軌道どうしが作る分子軌道には，対称性の観点から z 軸に対する 180 度回転対称を持っているという共通点があり，そのような対称性を持つ軌道のことを **σ 軌道**（σ orbital）といい，s 軌道どうし

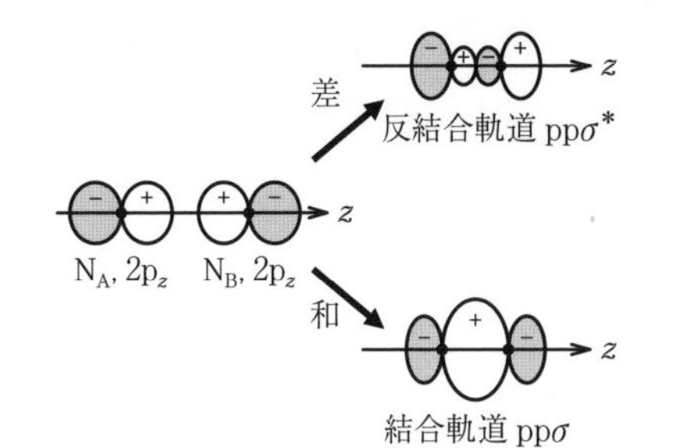

図 5.18 窒素分子の $2p_x$ 軌道どうしが作る分子軌道

の軌道を ssσ 軌道，p 軌道どうしの軌道を ppσ 軌道と記す。

$2p_x$ および $2p_y$ 軌道どうしで作る分子軌道について，同様に**図 5.19** に模式的に示した。基本的には，2s 軌道どうしや $2p_z$ 軌道どうしと同じように考えることができ，結合軌道と反結合軌道に分かれている。しかしながら，対称性の観点からは，z 軸 180 度回転に対して形は同じであるが符号が反転するという，反対称の形になっており，そのような対称性を持つ軌道を **π 軌道**（π orbital）といい，p 軌道どうしの π 軌道のことを ppπ 軌道と記す。π 軌道は，x 方向と y 方向に等価であり，2 重縮退の軌道である。

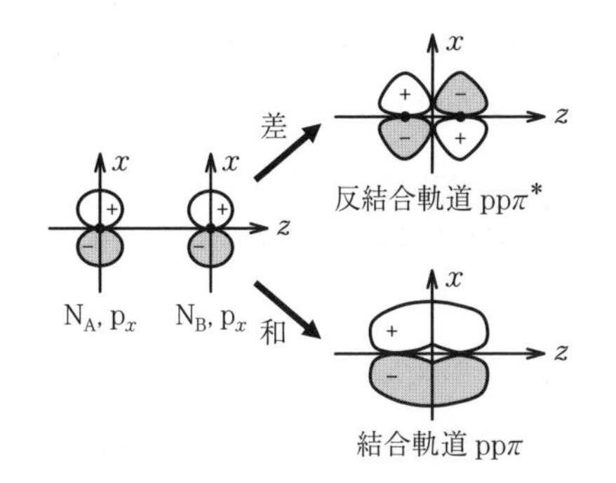

図 5.19 窒素分子の $2p_{x,y}$ 軌道どうしが作る分子軌道

窒素分子のエネルギー準位と電子の占有について見てみよう。窒素分子のエネルギー準位図は，**図 5.20** に示したようになっている。ここで，電子の占有は，上向きと下向きスピンの電子をそれぞれ，上向きと下向きの矢印で示してある。前述のとおり，窒素分子には 14 個の電子が存在するが，それぞれの窒素原子の 1s 軌道は内殻で，この図には示されておらず，それら 4 個の電子を

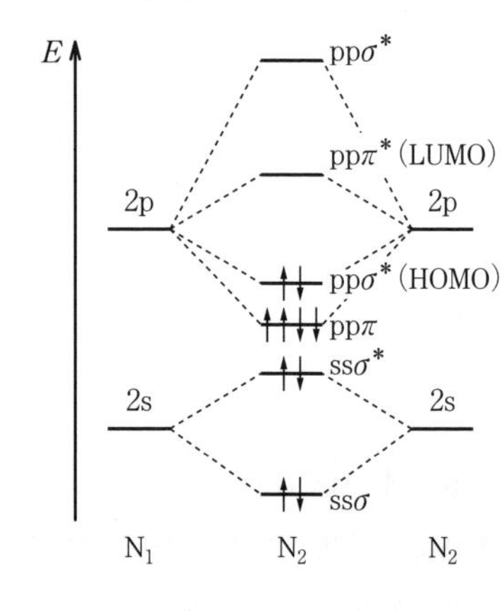

図 5.20　窒素分子のエネルギー準位図

除いた 10 個の電子の占有が示されている。また，σ 軌道は，縮退がないので上向きと下向きのスピンを持つ電子が一つずつ，計 2 個の電子を収容しているが，2 重縮退している π 軌道には 4 個の電子が収容されている。電子が収容される分子軌道のうち，最もエネルギーが高い軌道のことを**最高占有分子軌道**（highest occupied molecular orbital）といい，英語表記の頭文字をとって，**HOMO** と呼ばれる。一方，電子が存在しない軌道のうち，エネルギーが最も低い軌道のことを**最低非占有分子軌道**（lowest unoccupied molecular orbital）といい，**LUMO** と呼ばれる。分子のさまざまな性質を考えるうえで，HOMO と LUMO に注目することは重要で，特に，光の吸収や発光などを考える際には必須である。両者のエネルギー差を **HOMO–LUMO ギャップ**（HOMO–LUMO gap）と呼び，物性理解のうえで，重要な値である。

それでは，周期表で窒素原子のつぎに現れる酸素原子が二つ結びついた，酸素分子について見てみよう。酸素原子には，基底状態では 1s，2s，2p 軌道に，それぞれ 2, 2, 4 個の電子が収容されるので，窒素分子より 2 個電子が多く含まれ，計 16 個の電子が含まれている。酸素分子の場合も，酸素の 1s 軌道は内殻となり，ssσ，ppσ，ppπ 軌道については，窒素分子と同様であるが，エネルギー準位の構造と電子の占有が窒素分子とは少し異なっている。酸素分子のエネルギー準位図は**図 5.21** に示したとおりであり，窒素分子と異なる点は，

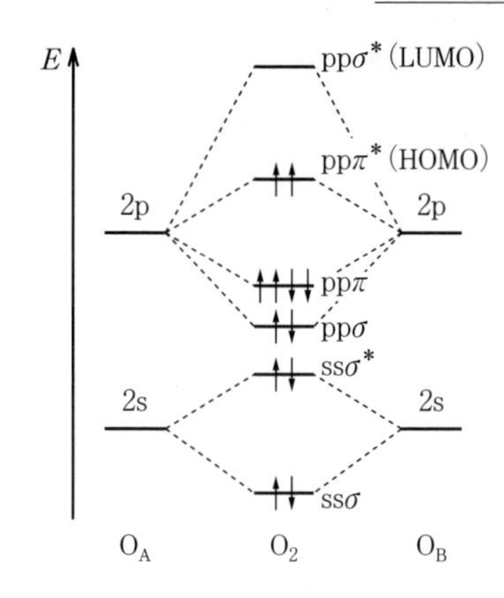

図 5.21　酸素分子のエネルギー準位図

ppσ と ppπ 軌道の順が入れ替わっていること[†1] と，HOMO が ppπ* 軌道であり，そこに上向きのスピンの電子が二つ収容されている点である。ppπ* 軌道は，p_x 軌道どうしと p_y 軌道どうしが作る二つの分子軌道が 2 重縮退しており，フント則から，それぞれにスピンの向きをそろえて電子が占有される。酸素分子では，このようにスピンの向きが揃った電子が最外殻に存在しているため，磁気モーメントを持つことになり，窒素分子とは異なって磁性を示す分子となっている。

分子軌道を求めるには，一般的に前述の H_2 分子に対して用いたように，変分法を用いるのが便利であり，より複雑な構造をした分子についても，同様の手続きによって分子軌道関数やエネルギー固有値を求めている。その際に，分子の対称性を考えることはきわめて重要であり，第 1 章で説明した点群や，さらに対称性を議論するのに有用な**既約表現**（irreducible representation）[†2] を用いて，分子軌道関数の対称性を整理することが可能である。その一例として，水分子の分子軌道のエネルギー準位図と波動関数の等高線図を，それぞれ

†1　本書では，s 軌道どうし，および p 軌道どうしの結合のみを考えているが，実際には，s 軌道と p 軌道の両成分が二つの原子から同様に分子軌道を作るのに貢献することも許され，窒素分子と酸素分子ではその割合が異なることにより，このようなエネルギー準位の入れ替えが起こっている。

†2　既約表現の詳細については，本書のレベルを超えるものになるので，本章末の文献 1)，6)，7) を参照されたい。

図 5.22 と**図 5.23** に示す。水分子の対称性（点群）は C_{2v} であり，それに対応する既約表現は，A_1，A_2，B_1，B_2 である。それぞれの点群において対応する既約表現を小文字で示すことによって，分子軌道の対称性を表し，エネルギーの低いほうから順に数字を付けていくことによって，それぞれの分子軌道の名称としている。ここで，既約表現の A と B は，それぞれ回転操作 C_2 に対して対称または反対称であり，添え字の 1 と 2 は，鏡映操作 σ_v に対して対称または反対称であることを示している。図 5.23 において，実線が正，破線が負の符号を示しているので，それぞれの分子軌道関数の対称性を各自確認してほしい。

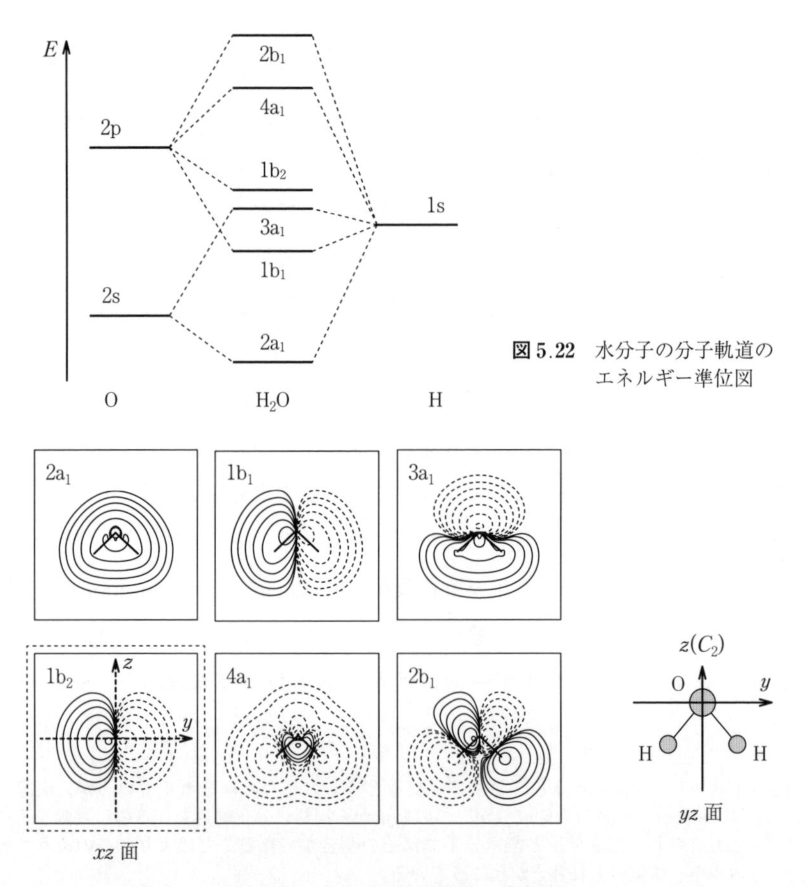

図 5.22　水分子の分子軌道のエネルギー準位図

図 5.23　水分子の波動関数の等高線図

5.5.2　結晶の電子状態の具体例

固体結晶は，その電気的特性を考える際には，**金属**（metal），**半導体**（semiconductor），**絶縁体**（insulator）に分類されることが多いが，まず金属と絶縁体の定義について説明しよう。波動関数のエネルギー分布を箱型の図形で表したものを箱型バンド図といい，金属および絶縁体の箱型バンド図は**図 5.24** のようになる。金属では，前述のとおりフェルミ準位まで電子が占有され，それより上の状態（波動関数）は連続的に非占有の状態がつながっている。電子が占有されている状態のエネルギー領域を**価電子帯**（valance band），非占有の領域を**伝導帯**（conduction band）と呼ぶ。一方，絶縁体においては，電子が占有されている上端の上に，状態（波動関数）が存在しないエネルギー領域があり，それよりも高いエネルギー範囲に連続して非占有の状態である伝導帯が連なっている。価電子帯と伝導帯の間の，状態が存在しないエネルギー領域を**禁制帯**（forbidden band）または**バンドギャップ**（band gap）と呼ぶ。半導体の電子状態は，上の分類では絶縁体のほうに属し，バンドギャップが数 eV 以下程度のものとされているが，明確な定義はない。

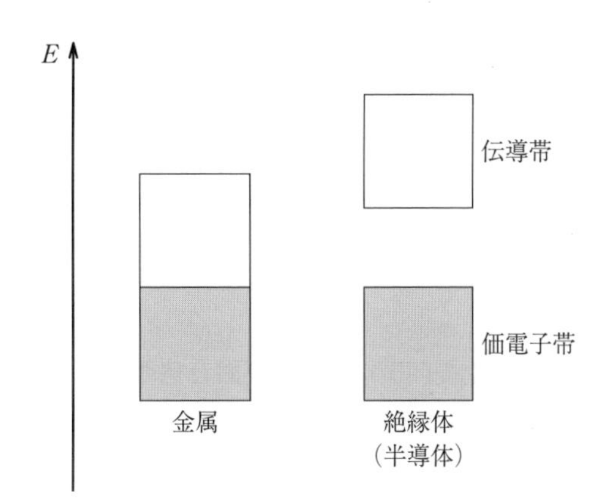

図 5.24　金属と絶縁体の箱型バンド図

上記のような箱型バンド図では，バンドの幅のみを表すことのできる，すなわち，1 次元のエネルギー準位図にすぎない。さらに詳しい波動関数の分布を考えるためには，状態密度が便利である。まず，典型的な金属，絶縁体，半導体の代表として，それぞれ，Al，MgO，Si の状態密度（**図 5.25**）を見てみよう。ここで，状態密度のエネルギーの 0 は，価電子帯の上端で揃えてある。箱型バンド図に示したように，金属である Al では，価電子帯と伝導帯が連続的につながっていることが見て取れる。また，自由電子モデルの状態密度が放物線となることを前に示したが，Al の状態密度も放物線に近い形であることが見て取れる[†]。

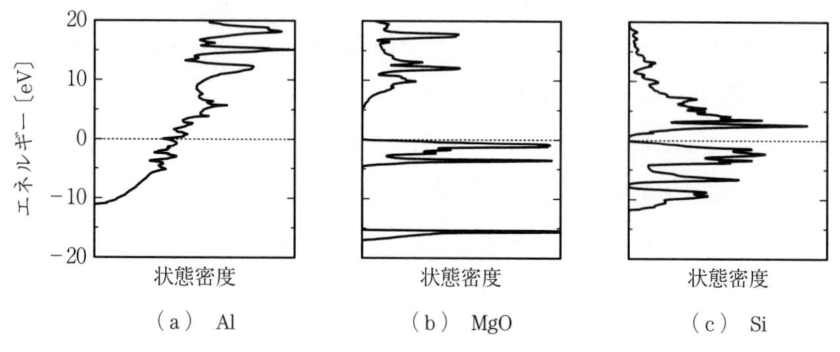

図 5.25　Al（金属），MgO（絶縁体），Si（半導体）の状態密度

つぎに，絶縁体である MgO の状態密度を見てみると，こちらも前記の絶縁体の箱型バンド図と同様に，価電子帯と伝導帯の間に波動関数の分布が存在しないエネルギー領域，すなわち禁制帯が存在し，それより上のエネルギー領域に伝導帯の分布が見て取れる。さらに，半導体の代表である Si の状態密度を見てみると，わずかながら 1 eV 程度の禁制帯が存在していることが見て取れるだろう。

1 次元結晶における自由電子のエネルギー固有値が，波数 $\boldsymbol{k}$ によって分散関係を持つことを図 5.15 に示したが，3 次元結晶においても，それと同様に波数によってエネルギー固有値が分散を持つ。波数 $\boldsymbol{k}$ に対して，波動関数の分散関係を示したものを E-k 図と呼び，状態密度に加えて結晶独自の電子状態について詳しく見て取れる。

† 一般に最外殻が s または p 軌道となる金属の場合，状態密度は放物線に近くなるが，d 軌道が最外殻の場合は，状態密度の形状は異なる。

ここで，Al，MgO，Si の E–k 図（**図 5.26**）も見てみよう。これらの図の横軸の記号は，波数 k の値を表しているものであり，例えば，Γ は $(k_x, k_y, k_z) = (0, 0, 0)$ を表している。金属の Al の E–k 図においては，箱型バンド図や状態密度で見た，価電子帯と伝導帯が連続的になっていることは，多数の状態が重複して連続的に見えるのではなく，一つの状態が占有状態と非占有状態をまたぐような形になっていることに起因していることが見て取れるだろう。また，絶縁体の MgO や半導体の Si の E–k 図においても，波数 k に対するバンドの分散が見られ，この図をもとに電子の移動度や有効質量，光の吸収や放出などの光学的な性質に関する理解を深めることができる。

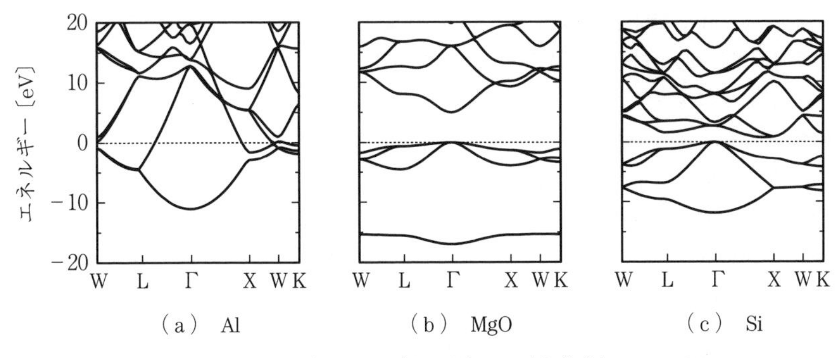

図 5.26　Al（金属），MgO（絶縁体），Si（半導体）の E-k 図

章　末　問　題

【5.1】　質量 150 g のボールを 150 km/h で投げたとき，そのボールの物質波の波長を求めよ。また，100 eV のエネルギーを持ち，束縛されていない電子の物質波の波長を求めよ。

【5.2】　幅 1 nm の無限に高い井戸に閉じ込められた電子の基底状態，第一励起状態のエネルギー固有値を eV 単位で求めよ。

【5.3】　3 次元デカルト座標系におけるシュレーディンガー方程式（式 (5.2)，(5.3)）から，球座標におけるシュレーディンガー方程式（式 (5.16)）を導け。

【5.4】　窒素分子における ssσ，ssσ^* 軌道について，図 5.12 と同様に，水素型の動径関数を用いて分子軌道の分布を図示せよ。

<本章末問題で用いる物理定数>

電子の質量：9.109×10^{-31} kg

プランク定数：6.626×10^{-34} J·s

1 eV＝1.602×10^{-19} J

参 考 文 献

・材料科学への量子力学の適用については，以下の書籍を薦める。

1) 山本知之：量子物質科学入門，コロナ社（2010）

2) 岡崎 誠：物質の量子力学，岩波書店（1995）

・量子力学を初めから学習するには，以下の書籍が適当であろう。

3) 原島 鮮：初等量子力学，裳華房（1986）

4) 小出昭一郎：量子力学 I・II，裳華房（1990）

・分子やクラスターなどに対する量子化学的な考え方の習得には，以下の書籍が適当であろう。

5) 原田義也：量子化学 上巻・下巻，裳華房（2007）

・量子化学や固体電子論における対称性の具体的な考え方の習得には，以下の書籍が適当であろう。

6) 今野豊彦：物質の対称性と群論，共立出版（2001）

7) 中崎昌雄：分子の対称と群論，東京化学同人（1973）

・固体中の電子の振る舞いや，より発展的な固体物性全般については，以下の書籍が適当であろう。

8) A.J. デッカー（橋口隆吉，神山雅英 共訳）：固体物理―理工学者のための―，コロナ社（1958）

9) C. キッテル（宇野良清 ほか訳）：キッテル固体物理学入門 上・下（第8版），丸善出版（2005）

付　　　録

付表1　種々の物質の定圧比熱（g：気体，l：液体，s：固体）[1)]

$C_P = a + bT + cT^{-2}$〔$J \cdot mol^{-1} \cdot K^{-1}$〕

物　質	a	$b \times 10^3$	$c \times 10^{-5}$	温度範囲〔K〕
Ag(s)	21.30	8.54	1.51	298 − 1 234
Ag(l)	30.5	−	−	1 234 − 1 600
Ag_2O(s)	59.33	40.79	−4.18	298 − 500
Al(s)	20.67	12.38	−	298 − 932
Al(l)	29.3	−	−	932 − 1 273
AlN(s)	34.4	16.9	−8.37	298 − 1 500
Al_2O_3(s)	114.8	12.8	35.4	298 − 1 700
Au(s)	23.68	5.19	−	298 − 1 336
Au(l)	29.3	−	−	1 336 − 1 600
BN(s)	33.9	14.7	−23.1	298 − 1 200
C(graphite)	17.15	4.27	−8.79	298 − 2 300
C(diamond)	9.12	13.22	−6.19	298 − 1 200
CO(g)	28.41	4.10	−0.46	298 − 2 500
CO_2(g)	44.14	9.04	−8.54	298 − 2 500
CH_4(g)	23.64	47.86	−1.92	298 − 1 500
Ca(s, α)	22.22	13.93	−	273 − 713
Ca(s, β)	6.28	32.38	10.46	713 − 1 123
Ca(l)	31.0	−	−	1 123 − 1 220
CaO(s)	49.62	4.52	−6.95	298 − 1 177
$CaCO_3$(s)	104.52	21.92	−25.94	298 − 1 200
CaS(s)	45.2	7.74	−	298 − 2 000
Cr(s)	24.43	9.87	−3.68	298 − 2 176
Cr(l)	39.3	−	−	2 167 − 3 000
Cr_2O_3(s)	119.37	9.20	−15.65	350 − 1 800

付表 1（続き①）

物　質	a	$b \times 10^3$	$c \times 10^{-5}$	温度範囲〔K〕
Cu(s)	22.64	6.28	−	298 − 1 356
Cu(l)	31.4	−	−	1 356 − 1 600
Cu_2O(s)	62.34	23.85	−	298 − 1 200
CuO(s)	38.79	20.08	−	298 − 1 250
Fe(s, α)	17.49	24.77	−	273 − 1 033
Fe(s, β)	37.7	−	−	1 033 − 1 181
Fe(s, γ)	7.70	19.50	−	1 181 − 1 674
Fe(s, σ)	43.93	−	−	1 674 − 1 812
Fe(l)	41.8	−	−	1 812 − 1 873
$Fe_{0.947}O$(s)	48.79	8.37	−2.80	298 − m.p.
$Fe_{0.947}O$(l)	68.20	−	−	m.p. − 1 800
Fe_3O_4(s, α)	91.55	201.67	−	298 − 950
Fe_2O_3(s, α)	98.18	77.82	−14.85	298 − 950
GaN(s)	38	9.00	−	298 − 1 773
H_2(g)	27.28	3.26	0.50	298 − 3 000
HCl(g)	26.5	4.60	1.1	298 − 2 000
H_2O(l)	75.44	−	−	273 − 373
H_2O(g)	30.0	10.71	0.33	298 − 2 500
Li(s)	12.76	35.98	−	273 − 454
Li(l)	29.3	−	−	500 − 1 000
LiCl(s)	46	14.2	−	298 − m.p.
Mg(s)	22.30	10.25	−0.43	293 − 923
Mg(l)	33.9	−	−	923 − 1 130
MgO(s)	42.59	7.28	−6.19	298 − 2 100
$MgCl_2$(s)	79.08	5.86	−8.62	298 − m.p.
$MgCO_3$(s)	77.91	57.78	−17.41	298 − 750
N_2(g)	27.87	4.27	−	298 − 2 500
Ni(s)	22.52	−10.42	−	633 − m.p.
Ni(l)	38.49	−	−	1 728 − 1 900
NiO(s)	54.02	−	−	523 − 1 100

付表1（続き②）

物　質	a	$b\times10^3$	$c\times10^{-5}$	温度範囲〔K〕
O_2(g)	30.0	4.18	1.7	298 − 3 000
P(s, white)	19.1	15.8	−	298 − 317
P(s, red)	16.9	14.9	−	298 − 870
P(l)	26.3	−	−	317 − 870
Pb(s)	23.56	9.75	−	298 − 601
Pb(l)	32.43	−3.10	−	601 − 1 200
PbO(s)	44.53	16.74	−	298 − 900
SO_2(l)	43.43	10.6	−5.94	298 − 1 800
Si(s)	23.22	3.68	−3.81	298 − 1 200
Si(l)	31.0	−	−	1 683 − 1 900
SiO_2(quartz)	46.94	34.31	−11.3	298 − 848
SiO_2(cristobalite)	72.76	1.3	−41.4	523 − 1 995
SiO_2(l)	86.2	−	−	−
Si_3N_4(s)	70.54	98.7	−	298 − 900

付表2　種々の物質の標準生成エンタルピー変化と標準エントロピー（g：気体，l：液体，s：固体）[1)]

物　質	ΔH^0_{298}（kJ·mol^{-1}）	S^0_{298}（J·mol^{-1}·K^{-1}）
Ag(s)	0	42.68
Ag_2O(s)	−30.5	122
Al(s)	0	28.3
AlN(s)	−318	20.2
Al_2O_3(s)	−1 677	51.0
Au(s)	0	47.36
BN(s)	−252	14.8
C(graphite)	0	5.740
C(diamond)	1.83	2.37
CO(g)	−110.5	197.6
CO_2(g)	−393.5	213.7
CH_4(g)	74.85	186
Ca(s)	0	41.6

付表 2（続き①）

物　質	ΔH^0_{298} (kJ·mol^{-1})	S^0_{298} (J·mol^{-1}·K^{-1})
CaO(s)	−634.3	40
$CaCO_3$(s)	−1 207.1	88.7
CaS(s)	−476.1	56.5
Cr(s)	0	23.6
Cr_2O_3(s)	−1 130	81.2
Cu(s)	0	33.1
Cu_2O(s)	−167	93.09
CuO(s)	−155	42.7
Fe(s)	0	27.3
$Fe_{0.947}O$(s)	−264	58.79
Fe_3O_4(s)	−1 117	151
Fe_2O_3(s)	−821.3	87.4
GaN(s)	−110	30
H_2(g)	0	130.6
HCl(g)	−91.312	186.79
H_2O(l)	−285.83	69.948
H_2O(g)	−241.81	188.72
Li(s)	0	29.1
$LiCl$(s)	−405	59.29
Mg(s)	0	32.7
MgO(s)	−601.2	26.9
$MgCl_2$(s)	−641.4	89.62
$MgCO_3$(s)	−1 112	65.86
N_2(g)	0	191.5
Ni(s)	0	29.9
NiO(s)	−241	28
O_2(g)	0	205
P(s, white)	0	41.1
P(s, red)	−17.4	228
Pb(s)	0	65.06

付表 2（続き②）

物　質	ΔH^0_{298}（kJ·mol^{-1}）	S^0_{298}（J·mol^{-1}·K^{-1}）
$PbO(s)$	− 219.4	66.32
$SO_2(g)$	−296.8	248.1
$Si(s)$	0	19
$SiO_2(s)$	−910.4	41.5
$Si_3N_4(s)$	−744.8	113
$SiC(s)$	−67	16.5

付表 3　種々の反応の標準ギブスエネルギー変化（g：気体，l：液体，s：固体）[1)]

$\Delta G^0 = A + BT \ln T + CT$〔J·mol^{-1}〕

化学反応式	A	B	C	温度範囲〔K〕
$Al_2O_3(s) = 2Al(s) + \frac{3}{2} O_2(g)$	1 677 000	7.23	−366.7	298 − 923
$Al_2O_3(s) = 2Al(l) + \frac{3}{2} O_2(g)$	1 697 700	6.81	−385.8	923 − 1 800
$2AlN(s) = 2Al(s) + N_2(g)$	644 300	−	−186.2	298 − 923
$C(s) + 2H_2(g) = CH_4(g)$	−69 120	22.26	−65.35	298 − 1 200
$C(s) + \frac{1}{2} O_2(g) = CO(g)$	−111 700	−	−87.65	298 − 2 500
$C(s) + O_2(g) = CO_2(g)$	−394 100	−	−0.84	298 − 2 000
$2CO(g) + S_2(g) = 2COS(g)$	−191 300	−	156.5	298 − 1 500
C(graphite) = C(diamond)	1 297	−	4.73	298 − 1 500
$2CaO(s) = 2Ca(l) + O_2(g)$	1 284 900	−	−214.6	1 124 − 1 760
$2CaO(s) = 2Ca(g) + O_2(g)$	1 590 800	−	−390.2	1 760 − 2 500
$2CaS(s) = 2Ca(l) + S_2(g)$	1 102 700	−	−208.7	1 124 − 1 760
$2CaS(s) = 2Ca(g) + S_2(g)$	1 408 800	−	−382.6	1 760 − 2 500
$Ca(l) + 2C(s) = CaC_2(g)$	−57 320	−	−28.45	1 123 − 1 963
$Ca(g) + 2C(s) = CaC_2(s)$	−214 300	−	51.46	1 963 − 2 200
$2CaO(s) + SiO_2(s) = Ca_2SiO_4(s)$	−126 400	−	−5.02	298 − 1 700
$2CoO(s) = 2Co(s) + O_2(g)$	467 800	−	−141.4	298 − 1 400
$2Cr_2O_3(s) = 2Cr(s) + \frac{3}{2} O_2(g)$	1 159 800	−	−222.8	298 − 2 100
$Cu_2O(s) = 2Cu(s) + \frac{1}{2} O_2(g)$	166 500	−	−70.63	298 − 1 356

付表 3（続き①）

化学反応式	A	B	C	温度範囲〔K〕
$2CuO(s) = Cu_2O(s) + \frac{1}{2}O_2(g)$	146 200	11.08	−185.4	298 − 1 300
$FeCl_2(l) = Fe(s) + Cl_2(g)$	286 400	−	−63.68	950 − 1 300
$FeCl_2(g) = Fe(s) + Cl_2(g)$	105 650	−41.79	375.1	1 300 − 1 812
$FeO(s) = Fe(s) + \frac{1}{2}O_2(g)$	264 900	−	−65.35	298 − 1 642
$FeO(l) = Fe(l) + \frac{1}{2}O_2(g)$	232 700	−	−45.31	1 808 − 2 000
$Fe_3O_4(s) = 3FeO(s) + \frac{1}{2}O_2(g)$	312 200	−	−125.1	298 − 1 642
$3Fe_2O_3(s) = 2Fe_3O_4(s) + \frac{1}{2}O_2(g)$	249 450	−	−140.7	298 − 1 460
$Fe_3P(s) = 3Fe(s) + \frac{1}{2}P_2(g)$	213 400	−	−47.28	298 − 1 439
$H_2(g) + \frac{1}{2}O_2(g) = H_2O(g)$	−246 440	−	54.81	298 − 2 500
$\frac{1}{2}N_2(g) + \frac{3}{2}H_2(g) = NH_3(g)$	−50 420	−	111.7	298 − 1 000
$Li_2CO_3(l) = Li_2O(l) + CO_2(g)$	326 100	−	−288.7	m.p. − 1 125
$MgO(s) = Mg(l) + \frac{1}{2}O_2(g)$	608 100	0.436	−112.8	923 − 1 380
$MgO(s) = Mg(g) + \frac{1}{2}O_2(g)$	759 800	13.39	−316.7	1 380 − 2 500
$MgS(s) = Mg(l) + \frac{1}{2}S_2(g)$	425 900	−	−107.3	923 − 1 380
$MgS(s) = Mg(g) + \frac{1}{2}S_2(g)$	562 120	−	−204.0	1 380 − 2 500
$MgCO_3(s) = MgO(s) + CO_2(g)$	117 570	−	−169.9	298 − 1 000
$MnO(s) = Mn(s) + \frac{1}{2}O_2(g)$	384 700	−	−72.80	298 − 1 500
$MnO(s) = Mn(l) + \frac{1}{2}O_2(g)$	399 150	−	−82.42	1 500 − 2 050
$MnS(s) = Mn(l) + \frac{1}{2}S_2(g)$	288 700	−	−78.91	1 517 − 1 803
$MnS(l) = Mn(l) + \frac{1}{2}S_2(g)$	262 600	−	−64.43	1 803 − 2 000
$MoO_3(s) = Mo(s) + O_2(g)$	587 900	8.36	−237.7	298 − 1 300

付表 3（続き②）

化学反応式	A	B	C	温度範囲〔K〕
$MoO_3(s) = MoO_2(s) + \frac{1}{2} O_2(g)$	161 900	−	−81.59	298 − 1 300
$Na_2S(s) = 2Na(l) + \frac{1}{2} S_2(g)$	440 400	−	−131.6	371 − 1 187
$NiO(s) = Ni(s) + \frac{1}{2} O_2(g)$	234 300	−	−85.23	298 − 1 725
$NiO(s) = Ni(l) + \frac{1}{2} O_2(g)$	262 100	−	−108.7	1 725 − 2 200
$2PbO(s) = 2Pb(l) + O_2(g)$	449 800	−	−220.1	600 − 760
$2PbO(l) = 2Pb(l) + O_2(g)$	446 000	−	−215.1	760 − 1 150
$S_2(g) + 2O_2(g) = 2SO_2(g)$	−724 840	−	144.9	298 − 2 000
$SiO_2(s) = Si(s) + O_2(g)$	902 070	−	−173.6	700 − 1 700
$SiO_2(s) = Si(l) + O_2(g)$	952 700	−	−203.8	1 700 − 2 000
$Si_3N_4(s) = 3Si(s) + 2N_2(g)$	740 600	10.46	−402.9	298 − 1 686
$Si_3N_4(s) = 3Si(l) + 2N_2(g)$	874 460	−	−405.0	1 686 − 1 973
$SiC(s) = Si(s) + C(s)$	58 580	2.36	−23.77	298 − 1 686
$SiC(s) = Si(l) + C(s)$	113 400	4.96	−75.73	1 686 − 2 000
$TiCl_4(g) = Ti(s) + \frac{1}{2} O_2(g)$	756 050	3.27	−145.0	298 − 1 700
$TiO(s) = Ti(s) + \frac{1}{2} O_2(g)$	511 700	−	−89.12	600 − 2 000
$Ti_2O_3(s) = 2TiO(s) + 2Cl_2(g)$	477 600	−	−79.71	298 − 2 000
$2Ti_3O_5(s) = 3Ti_2O_3(s) + \frac{1}{2} O_2(g)$	370 300	−	−82.42	700 − 2 000
$3TiO_2(s) = Ti_3O_5(s) + \frac{1}{2} O_2(g)$	305 400	−	−96.23	298 − 2 123
$2TiN(s) = 2Ti(s) + N_2(g)$	676 600	−	−190.5	1 155 − 1 500
$TiC(s) = Ti(s) + C(s)$	186 600	−	−13.22	1 155 − 2 000
$UO_2(s) = U(s) + O_2(g)$	1 079 500	−	−167.4	298 − 1 405
$UO_2(s) = U(l) + O_2(g)$	1 128 400	27.98	−405.8	1 405 − 2 000
$ZnO(s) = Zn(s) + \frac{1}{2} O_2(g)$	351 900	12.54	−184.7	298 − 693
$ZnO(s) = Zn(g) + \frac{1}{2} O_2(g)$	482 920	18.80	−344.7	1 170 − 2 000

〔付表関連の文献〕

1）　日本金属学会：金属物理化学（金属化学入門シリーズ 1），日本金属学会（1996）

章末問題の略解

■1章

【1.1】（1） 正方晶C格子は正方晶P格子と等価なため。

（2） 単斜晶I格子は単斜晶C格子と等価なため。

【1.2】 4回軸3本，3回軸4本，2回軸6本

【1.3】（1） $(h+k+l)$ が偶数のとき：$F=2f$

$(h+k+l)$ が奇数のとき：$F=0$

（f は構成元素の原子散乱因子）

（2） h, k, l がすべて偶数のとき：$F=4(f_{Na}+f_{Cl})$

h, k, l がすべて奇数のとき：$F=4(f_{Na}-f_{Cl})$

h, k, l が偶奇混合のとき：$F=0$

（f_{Na} および f_{Cl} は Na および Cl の原子散乱因子）

【1.4】 図1.19の散乱体Oから散乱体Aが乗った格子面に垂線を加え，それとベクトル $\boldsymbol{r}$ のなす角を φ とすると，$|\boldsymbol{r}|\cos\varphi=d_{hkl}$ および $|\boldsymbol{s}-\boldsymbol{s}_0|=2\sin\theta$ となり，これを $(\boldsymbol{s}-\boldsymbol{s}_0)\cdot\boldsymbol{r}=|\boldsymbol{s}-\boldsymbol{s}_0||\boldsymbol{r}|\cos\varphi$（$=n\lambda$）へ代入すると，$2d_{hkl}\sin\theta$ となる。

【1.5】 原子の変位によっても消滅則が破れ，新たな反射が生じる。

■2章

【2.1】 一方の原理が成り立たないと仮定すると，もう一方の原理に矛盾することを示す。カルノーサイクルを用いるとよい。

【2.2】 式(2.45)を用いて計算すると，<u>186 MW</u>となる。

【2.3】 付表1からシリコンの定圧比熱を求め，式(2.62)を用いて計算すると，<u>509 MJ</u>となる。

【2.4】 式(2.119)，(2.121)を用いて計算すると，<u>0.224 atm</u>となる。

【2.5】 付表3を用いて平衡酸素分圧を求める（図3.23のエリンガム図を用いても，おおよその値は求められる）。必要な条件は，<u>酸素分圧を 1.18×10^{-10} atm より低く保つ</u>こととなる。

【2.6】 式(2.162)を用いて計算すると，<u>145°</u>となる。

■3章

【3.1】 式 (3.8) に代入して計算すると，−14.7℃となる。

【3.2】 この系は，Mg-Mg_2Si と Mg_2Si-Si の二つの共晶系からなっている。

（1） てこの法則を使うと，800 ℃：Mg_2Si 30 %，Si 70 %，1 200 ℃：L 73 %，Si 27 % となる。

（2） 図3.10 を参照。

【3.3】 （1） P：35 %CaO−60 %SiO_2−5 %Al_2O_3，　Q：37 %CaO−35 %SiO_2−28 %Al_2O_3

（2） P：CaO・SiO_2，1673 K，　Q：2CaO・Al_2O_3・SiO_2，1723 K

【3.4】 （1） 共晶反応が起きる。

P：A の晶出⇒A，B の晶出⇒A，B，BC の晶出

Q：BC の晶出⇒B，BC の晶出⇒A，B，BC の晶出

（2） 包晶反応が起きる。

R：C の晶出⇒包晶反応による BC の晶出⇒A，BC，C の晶出

【3.5】 式 (3.22) の平衡定数を用いて考える。縦軸の切片は変化しないが，直線の傾きが大きくなる。

■4章

【4.1】 表4.1 の値を式 (4.46) に代入すると，$D=3.68\times10^{-15}\,\mathrm{m^2\cdot s^{-1}}$ となる。

【4.2】 Excel の誤差関数を用いて，式 (4.8) から計算する。

■5章

【5.1】 ボールの物質波の波長：1.1×10^{-34} m，電子の物質波の波長：1.2×10^{-10} m

【5.2】 基底状態のエネルギー固有値：0.376 eV，第一励起状態のエネルギー固有値：1.50 eV

【5.3】

$$\frac{\partial}{\partial x}=\sin\theta\cos\varphi\frac{\partial}{\partial r}+\frac{1}{r}\cos\theta\cos\varphi\frac{\partial}{\partial\theta}-\frac{1}{r}\frac{\sin\varphi}{\sin\theta}\frac{\partial}{\partial\varphi}$$

$$\frac{\partial}{\partial y}=\sin\theta\sin\varphi\frac{\partial}{\partial r}+\frac{1}{r}\cos\theta\sin\varphi\frac{\partial}{\partial\theta}+\frac{1}{r}\frac{\cos\varphi}{\sin\theta}\frac{\partial}{\partial\varphi}$$

$$\frac{\partial}{\partial z}=\cos\theta\frac{\partial}{\partial r}-\frac{1}{r}\sin\theta\frac{\partial}{\partial\theta}$$

となるので

$$\frac{\partial^2}{\partial x^2}+\frac{\partial^2}{\partial y^2}+\frac{\partial^2}{\partial z^2}$$

$$=\frac{\partial^2}{\partial r^2}+\frac{2}{r}\frac{\partial}{\partial r}+\frac{1}{r^2}\left\{\frac{1}{\sin\theta}\frac{\partial}{\partial\theta}\left(\sin\theta\frac{\partial}{\partial\theta}\right)+\frac{1}{\sin\theta^2}\frac{\partial^2}{\partial\varphi^2}\right\}$$

となる。

【5.4】 窒素分子における ssσ，ssσ^*（N_2ssσ，N_2ssσ^*）軌道の分布を図示すると，それぞれ**解図 5.1**（a），（b）のようになる。

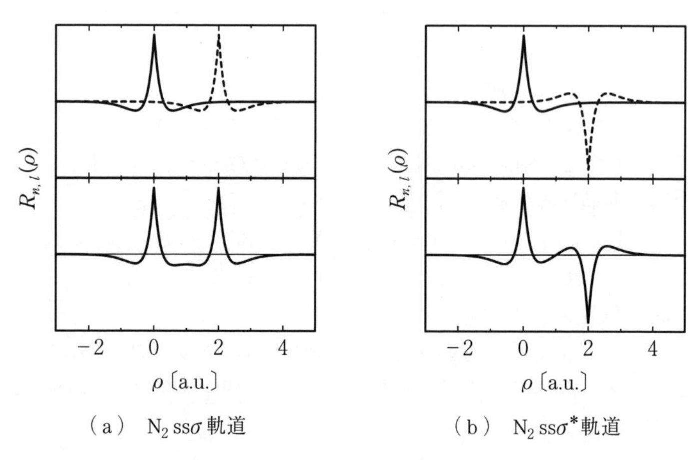

（a） N_2ssσ 軌道　　（b） N_2ssσ^* 軌道

解図 5.1　N_2ssσ，N_2ssσ^* 軌道の分布

索　　引

——著者略歴——

伊藤　公久（いとう　きみひさ）
1978年　東京大学工学部金属工学科卒業
1980年　東京大学大学院工学系研究科修士課程修了（金属工学専攻）
1983年　東京大学大学院工学系研究科博士課程修了（金属工学専攻）
　　　　工学博士
1983年　東北大学助手
～91年
1986年　カーネギーメロン大学博士研究員
～88年
1991年　早稲田大学助教授
1996年　早稲田大学教授
　　　　現在に至る

平田　秋彦（ひらた　あきひこ）
1998年　早稲田大学理工学部材料工学科卒業
2000年　早稲田大学大学院理工学研究科修士課程修了（材料工学専攻）
2003年　早稲田大学大学院理工学研究科博士後期課程修了（材料工学専攻）
　　　　博士（工学）
2003年　大阪大学助手
2007年　大阪大学助教
2009年　東北大学助教
2012年　東北大学准教授
2018年　早稲田大学教授
　　　　現在に至る

山本　知之（やまもと　ともゆき）
1993年　早稲田大学理工学部材料工学科卒業
1995年　早稲田大学大学院理工学研究科修士課程修了（材料工学専攻）
1998年　早稲田大学大学院理工学研究科博士後期課程修了（材料工学専攻）
　　　　博士（工学）
1997年　早稲田大学助手
1999年　理化学研究所研究員
2002年　京都大学研究員
2005年　早稲田大学助教授
2007年　早稲田大学准教授
2010年　早稲田大学教授
　　　　現在に至る

基礎材料科学
Fundamentals of Materials Science

2020年10月2日　初版第1刷発行　★

検印省略

著　者	伊　藤　公　久
	平　田　秋　彦
	山　本　知　之
発 行 者	株式会社　コ ロ ナ 社
	代 表 者　牛 来 真 也
印 刷 所	新 日 本 印 刷 株 式 会 社
製 本 所	有限会社　愛千製本所

112-0011　東京都文京区千石 4-46-10
発 行 所　株式会社　**コ ロ ナ 社**
CORONA PUBLISHING CO., LTD.
Tokyo Japan
振替00140-8-14844・電話(03)3941-3131(代)
ホームページ　https://www.coronasha.co.jp

ISBN 978-4-339-06652-4　C3043　Printed in Japan　(新井)